Edizioni PensareDiverso

Cenacolo Jung Pauli

Bruno Del Medico

An dtarlaíonn sé seo duitse freisin?

Na comhtharlúintí aisteach, na forebodings, telepathy, aisling prophetic.

Míníonn Quantum entanglement agus teoiric na sioncronachta Carl Jung na fíricí mistéireacha seo.

.

Bruno Del Medico Editore
Edizioni PensareDiverso
edizioni@delmedico.it

Innéacs an leabhair seo.

7

Réamhrá leis an téacs.

Tuigeann an chine daonna ó na chéad fhorbairtí comhfhiosachta nach bhfuil roinnt imeachtaí suntasacha mar gheall ar sheans. Is comharthaí ó leibhéal fealsúnach nó diaga níos airde iad imeachtaí gan mhíniú. Is é seo an aigne cliste ag iarraidh cumarsáid a dhéanamh le Chonaic an duine.

Ar an drochuair, tá na creidimh seo scriosta ag eolaíocht ábharaíoch le trí chéad bliain anuas. Ach i 1980, léirigh turgnaimh fisic chandamach nach bhfuil an Cruinne déanta amháin d'ábhar ach go bhfuil comhpháirt síceach.

Sa ghné nua seo, níl aon teorainn spáis ná ama ag fuinneamh agus faisnéis.

Deimhníonn fisic chandamach go leor léargais ársa. Mar shampla, dearbhaíonn sé an coincheap "Soul of the World" a d'fhorbair an fealsamh Gréagach Plato, chomh maith le teoiric an "fochomhfhiosach comhchoiteann" a d'fhorbair Carl Gustav Jung.

Seachnaíonn an leabhar seo foirmlí eolaíocha agus gnéithe teicniúla agus téann sé leis an léitheoir chun tuiscint a fháil ar na leibhéil iomadúla atá mar réaltacht amháin. Go deimhin, i dteannta leis an leibhéal fisiceach atá ar eolas againn, tá go leor eile ann. Mar shampla, tá an leibhéal "chandamach", atá tipiciúil de cháithníní tosaigh, ina dtarlaíonn feiniméin a mheastar a bheith dodhéanta ag an eolaíocht ábhartha. I réimse na gcáithníní tosaigh faighimid an leibhéal "quantum nowhere", áit nach bhfuil am agus spás ann a thuilleadh.

I gconair an eolais seo is codanna tábhachtacha de réaltacht iontasach iad fiú léirithe extrasensory, mar telepathy agus an fhís ar cad a tharlóidh amach anseo.

Comhtharluithe randamacha agus
comhtharluithe suntasacha.

Is éard atá sa chomhtharlú ná dhá fhíric nó imeacht atá nasctha le chéile chun seicheamh loighciúil a chinneadh. Is féidir le comhtharlú a bheith d'aon ghnó, pleanáilte, nó de bharr imthosca fortuiteacha. Is samplaí clasaiceacha de naisc inmhianaithe agus chláraithe iad siúd atá réamhordaithe ag línte iompair de bhóthar; ar bhonn amchláir áirithe, tar éis teacht isteach feithicle amháin tar éis imeacht feithicle eile. Ní dhéanfaidh aon ní níos gnáth. Ansin tá na comhtharlúint fortuitous, a tharlaíonn nuair nach raibh siad beartaithe. Mar shampla, téim go dtí an t-ollmhargadh, téigh go dtí an cuntar deli agus tá an uimhir 64 ar mo áirithint. Ansin téim go dtí an bácúis agus anseo freisin tá an uimhir 64 ar an áirithint. Gach rud an-gnáth; d'fhéadfadh an chomhtharlú éirí aisteach má bhíonn orm, ar mo bhealach amach, bus 64 a ghlacadh. Ar an mbus seo buailim le cara atá 64 bliain d'aois an lá sin. Déanaim comhghairdeas le mo chara ar a bhreithlá, éirí den bhus, agus stad ag an seastán nuachta i Via Roma 64. Anseo ceannaím uimhir 64 den irisleabhar is fearr liom. Ag an bpointe seo, tá mé ag smaoineamh an bhfuil rud éigin aisteach faoi uimhir 64 ag athrá mar sin.

Go deimhin, tarlaíonn seichimh den sórt sin le minicíocht áirithe, ach ní thugaimid faoi deara é, toisc go bhfuil muid gnóthach ag smaoineamh ar rud éigin eile. Mar sin, téann na comhtharluithe seo a bhaineann le huimhir nó a leithéid, cé gur aisteach, a shleamhnaíonn anuas orainn agus ní fhaigheann siad brí dúinn, is é sin, ní éiríonn siad suntasach.

D'fhéadfadh go n-éireodh na comhtharluithe seo suntasach má thuigimid go bhfuil an uimhir á athrá agus go dtosaímid ag obair leis an inchinn ag fiafraí dínn féin cén chiall atá leis seo.

An cás aisteach de ghrianghraf d'aois.

Bhí Giovanna B. ag éirí leamh. An tráthnóna Dé Domhnaigh sin, mar gheall ar sprain beag, b'éigean di fanacht sa bhaile. Tar éis dó dul tríd na leabhair go léir, agus féachaint go neamhbhalbh ar an teilifís le haghaidh seó suimiúil, chinn sé rud éigin úsáideach a dhéanamh. Mar shampla, d'fhéadfadh sé póstaer a bhí sé ag fanacht ar feadh cúpla mí a chrochadh ina chás. Ach ba chosúil gur gnóthas rómhór di é seo. Roghnaigh sé post beag eile a raibh sé i gceist aige a chríochnú le míonna anuas, is é sin an páipéar líneála a athsholáthar ina tharraiceán deisce.

Bhí an tarraiceán leathan agus domhain. Thóg sé amach é agus thosaigh sé ar an ábhar go léir a chur i mbosca. Agus na réada aonair á dtarraingt amach aici, bhí iontas ar Giovanna mar go raibh sí ag fáil amach faoi dheireadh cá ndeachaigh an oiread sin rudaí beaga a shíl sí a bheith caillte.

Nuair a chríochnaigh sé an fholmhú, scaoil sé an seanpháipéar ó na bioráin líníochta a choinnigh é agus chrom sé chun é a chaitheamh amach. Le iontas mór, fuair sé amach dronuilleog beag páipéir a bhí sleamhnú díreach faoin líneáil pháipéir: bhí sé ina ghrianghraf d'aois, a bhí ann cé a fhios cé mhéad bliain. Go deimhin, san íomhá sin bhí Giovanna i bhfad níos óige agus léiríodh é in éineacht le roinnt cairde le linn turais a chuaigh siar fiche bliain roimhe sin. Thosaigh sé ag scrúdú na carachtair a atáirgeadh sa ghrianghraf le cumha. Cinnte, b'é sin Paolo, agus b'é sin Sergio, an Sguincio, agus b'é Arianna ar a dtugtaí La Micia.

Ach an fear sin idir Laura agus Silvio, an duine cubby, cé hé féin? Chuir sé iallach air é féin a mheabhrú agus sa deireadh bhí an enlightenment anseo: ach tá, bhí sé "Pebble". Ag deireadh na hardscoile d'athraigh an cara sin cathair mar gheall ar riachtanais oibre an teaghlaigh agus beagán ar bheagán tháinig meath ar na teagmhálacha agus ansin cailleadh iad.

D'fhan Giovanna gafa ar feadh i bhfad ag déanamh iontais faoin tréimhse sin dá saol, an scoil, a cairde (iad siúd ar chuimhnigh sí) agus anois an "Pebble" seo a bhí le feiceáil chomh tobann sin san iarnóin leadránach sin. D'athraigh sé an páipéar, chuir sé an tarraiceán ar ais agus níor smaoinigh sé níos mó air an tráthnóna sin.

An tráthnóna dár gcionn, agus í ag déanamh roinnt tascanna tí mar ab fhearr a d'fhéadfadh sí, ghlaoigh an guthán. An gcreidfeá é? Ag an taobh eile den líne thosaigh guth ag rá:

"Haigh, an tusa a Giovanna? Níl a fhios agam an cuimhin leat mé, chuaigh muid go dtí an scoil ard le chéile agus chuir tú glaoch orm Pebble... Inné, ag smaoineamh siar ar na hamanna, bhí mé ag iarraidh a fháil ar mo chairde d'aois arís. D'fhéach mé sa seanleabhar seoltaí agus is leatsa an uimhir theileafóin a fuair mé ar dtús..."

Is féidir le dhá fhíric nach mbaineann leo "comhtharlú suntasach" a chruthú.

Is léir nach raibh ach fionnachtain an ghrianghraif ann féin ach aisteach. Ach bunaítear leis an nglao gutháin an lá dár gcionn nasc a bhfuil “brí mistéireach” ag baint leis, do Giovanna, agus a fhágann go bhfuil an chomhtharlú suntasach.

Is minic a bhíonn finnéithe nó protagonists ar imeachtaí comhchosúla againn go léir; ar dtús bíonn ionadh beag orainn, ach ansin socraímid gur cás fós é, cé gur cás aisteach é, agus cuirimid gach rud i gcartlann éigin dár meon.

I ndáiríre, ní hionann "teagmhas aisteach" agus "gnáth randamacht". Léirítear é seo ag an bhfíric go gcruthaíonn roinnt comhtharlúint fadhbanna inár n-intinn nach bhfuil réitithe ar feadh an tsaoil, agus a thagann chun solais arís agus arís eile, ag spreagadh ár bhfiosracht mar aon le tuiscint doiléir ar rúndiamhra. Tá drochamhras againn ar chumarsáid nach bhfuaireamar, tásc nó moladh tábhachtach nár éirigh linn a thuiscint.

De réir an tsíceiteiripeoir clúiteach Carl Gustav Jung, a rinne staidéar ar an bhfeiniméan seo ar feadh i bhfad agus a d'fhorbair go leor de na teoiricí a thuairiscítear níos déanaí sa leabhar seo, is minic go mbíonn comhtharlúint mar gheall ar sheans, ach uaireanta níl siad gan chiall. Rinne Jung hipitéis go raibh comhtharlúint ann a d'fhéadfaí a mheas a bheith suntasach nó fiú "clúdaithe le naofa", agus chum sé an t-ainm "sioncronacht" dóibh.

Ba é an fiúntas a bhí ag Jung ná gurbh é an chéad duine a rinne staidéar, go heolaíoch, ar fheiniméan na gcomhtharlaithe aisteacha nach féidir le duine ar bith a bheith ann a dhiúltú, agus uirlisí oiriúnacha á gcur ar fáil freisin chun tuiscint a fháil ar nuair is féidir comhtharlú a mheas suntasach, nó "numinous", rud a tháinig chun bheith ina sioncrónacht .

Ar ndóigh, ní leor idirdhealú a dhéanamh idir comhtharlúint fánach agus comhtharlúint "sioncrónacha". Is féidir linn a shuíomh gur cuid den ghnáthshaol laethúil iad comhtharluithe fánach agus go n-eascraíonn siad ó fhorluí agus fite fuaite ár ngníomhaíochtaí le gníomhaíochtaí an domhain thart orainn: is é an saintréith atá acu ná go ndéanaimid talamh slán orthu agus nach mbíonn baint againn leo.

Os a choinne sin, cuireann comhtharlúint shuntasacha fuinneog ollmhór ar lánléargas na rúndiamhra agus tugann siad léargas dúinn ar shaolta nach raibh amhras orainn fiú a bheith ann. Taobh thiar de gach sioncrónacht tá cruinneanna anaithnide ar fad le hiniúchadh, agus eolas ollmhór le rochtain. Ar an drochuair, níl súile againn chun na lánléargais seo a dhéanamh amach agus níl a fhios againn an teanga trína ndéanann na sioncrónachtaí iarracht cumarsáid a dhéanamh linn. Tá ceisteanna meabhlaireachta idir ár n-aigne agus an intinn a shocraíonn sioncronaithe dúinn.

Dealbh beag ag eitilt ón bhfuinneog.

Chonaic Remigia, sean-bhean sacristan eaglais an Santi Archangeli, arís an cailín a bhí, mar a tharla go minic, tar éis dul isteach, ar a glún ag an bpoinnte deireanach, ag amanna nuair nach raibh aon fheidhmeanna reiligiúnacha ann. Chonaic sé i gcónaí í gafa go mór san urnaí, agus thug sé faoi deara freisin a léiriú brónach. An lá sin, áfach, shíl sí go bhfaca sí cuimilt glórach freisin, agus mar sin d'fhan Remigia, arna bogadh ag a cineáltas nádúrtha ach ag fiosracht áirithe freisin, go n-éireodh leis. Agus an bhean ag siúl amach tháinig Remigia chuici ag iarraidh comhrá a thosú léi, le fáil amach cén fáth a raibh a míchompord. Trí mhalartú croíúil a dhéanamh ar smaointe agus ar thuairimí bhailigh sé a mhuinín: ní raibh an cailín, arbh ainm di Sabrina, an-óg a thuilleadh agus mar sin ba bhreá léi buachaill a aimsiú agus teaghlach a thosú. Thug Remigia comhbhá léi agus thug sí comhairle di mar ab fhearr a d'fhéadfadh sí an uair sin, agus í ag cuimhneamh go raibh, i measc a róil mar sacraistí, déileáil le díolachán cuimhneacháin, gur shíl sí go maith fáil réidh le dealbh bheag de San Raffaele, ceann de na trí cinn. Archangels, a gan díol taobh thiar de ghloine ar feadh roinnt blianta.

"Féach Sabrina - a dúirt sé, agus í á threorú i dtreo an cháis taispeána - mholfainn duit guí a dhéanamh gach lá chuig San Raffaele, atá go beacht mar chosantóir lánúineacha fostaithe agus atá i bhfabhar an aontas conjugal. An bhfeiceann tú an dealbh seo, ar cóip é de bhunchóip airgid atá á choimeád i Napoli? Léiríonn sé an tArchangel Raphael le fear óg agus iasc lena thaobh. Tobias an t-ainm a bhí ar an bhfear óg, agus bhí sé tar éis dul ar thuras chun bean óg darbh ainm Sara a phósadh.

Ar an drochuair, bhí an deamhan Asmodeus i seilbh Sara, mar sin gach uair a phós sí, fuair a fear céile bás ar oíche na bainise, agus tharla sé seo seacht n-uaire cheana féin. Ní raibh a fhios ag ár bhfear óg, áfach, go mbeadh sé ar an ochtú. Le linn an turais bhí an tArchangel Raphael in éineacht le Tobias. In aon stad amháin chuaigh sé go bruach abhann, áit ar d'ionsaigh iasc mór é. Chabhraigh Raffaele leis é a mharú agus dúirt leis a ae a bhaint amach agus é a choinneáil mar go dtabharfadh sé an t-ádh air.

Shroich Tobias a cheann scríbe agus rinne sé réidh chun an bhainis a cheiliúradh. Idir an dá linn, bhí a athair céile ag ullmhú na huaigh dó cheana féin freisin. Ach an uair seo ní raibh aon úsáid ag an bpoll. Le cosaint Raffaele, chaith an bheirt an chéad oíche ag guí. Idir an dá linn dhó siad ae an éisc a bhí gafa ag Tobit san abhainn sa brazier. Ar an gcuma san do sháraigh an bheirt fhear óg an diabhal. Scaoileadh saor Sara agus mhair siad go sona sásta ar feadh i bhfad.

Is féidir leatsa freisin a bheith ag brath ar Raffaele. Cuir an dealbh seo sa bhaile, agus aithris an phaidir a thabharfaidh mé duit gach lá: feicfidh tú go dtiocfaidh an t-Archangel go luath i gcabhair ort.

Smaoinigh go dtéann go leor cailíní fiú inár n-amanna i Napoli ar 29 Meán Fómhair chun cuairt a thabhairt ar an dealbh chun fear céile maith a aimsiú

D'aontaigh Sabina, cheannaigh sí an dealbh, chuir sí ar chaibinéad sa teach é agus d'aithris sí a paidir gach lá. Seachtain amháin, mí amháin, trí mhí…

Go dtí, sa cheathrú mí, i nóiméad de dhíspreagadh ar leith, thóg sé an dealbh beag agus d'fhéach sé ar sé le díspeagadh murmuring "Cad San Raffaele! Ní fiú go gcabhraíonn sé liom!". Agus é sin ráite, chaith sé an dealbh beag amach an fhuinneog.

Tar éis cúpla nóiméad chuala sé fáinne an dorais. D'oscail sé an doras agus chonaic sé duine uasal oirirc a dúirt, agus é faoi náire:

"Tá brón orm, chonaic mé an figiúr seo ag titim ó fhuinneog, is dóigh liom gur ón árasán seo a tháinig sé, agus mar sin shíl mé go dtabharfainn ar ais é."

Chuir Sabina, stiúdú, air suí síos agus thairg sé caife dó. Labhair siad faoi seo agus sin agus fuair Sabrina amach gurbh é Giulio an t-ainm a bhí ar an bhfear cineálta, agus go raibh sé celibate. Shocraigh siad a chéile a fheiceáil arís, ansin chuaigh siad amach go minic le chéile, agus ar deireadh phós siad.

Sioncronacht Carl Jung.

I gcás Sabrina, cén áit a gcuirtear tús leis an gcomhtharlú, nó ina áit sin, leis an tsraith comhtharlúintí? Cathain a shocraíonn Sabrina dul go dtí séipéal na nAingeal Naofa gach lá? Nuair a chuireann Remigia, fiosrach, ar Sabrina a cuid fadhbanna a chur i muinín? Nó nuair a bhí dealbh bheag gan díol le blianta? Nó nuair a théann Giulio faoin bhfuinneog díreach mar a chaitheann Sabrina an figiúr amach?

Táimid ag déileáil le go leor fíricí, nach bhfuil ceangailte lena chéile agus sách caolaithe le himeacht ama, ach má bhreithnímid iad go léir le chéile glacann siad brí, is é sin, éiríonn siad suntasach: san iomlán tógann siad synchronicity.

Is téarma é "suntasach" chun tagairt a dhéanamh do rud a thugann brí nó a chuireann brí in iúl. Tá fíric suntasach nuair a léiríonn sé "an comhartha", an "leid" de rud éigin. Tá fíric shuntasach eloquent, suntasach, ábhartha.

In ionad "numinous" ciallaíonn: "timpeallaithe ag aura na naofa." Léiríonn sé rud a spreagann eagla agus urraim araon.

Is léir inár gcás, ní eascraíonn naofa ón imthosca ina bhfuilimid ag caint ar dhealbh naomh, ach tá brí níos leithne aici, is é sin le rá go dtugann sé le fios gur fiú urraim ar leith é agus atá in ann eagla spioradálta a chothú.

Is féidir an dá eipeasóid a chuir mé i láthair, ceann Giovanna agus eipeasóid Sabrina, a mheas mar eipeasóid shioncrónacha, toisc go gcomhfhreagraíonn a dtréithe dóibh siúd a léirigh Jung chun a fháil amach an bhfuil eipeasóid sioncronach nó nach bhfuil. De réir Jung, is iad na tréithe sioncrónachta go príomha trí.

Is í an chéad ghné ná nach bhfuil gaol idir cúis agus éifeacht ag an dá fhíric nó níos mó a dhéanann suas an tsioncronacht. Sa sampla atá le feiceáil díreach, is léir nach iarmhairt dhíreach é an glao gutháin a fuarthas ó Ciottolo ar fhionnachtain an ghrianghraif i drawer Giovanna. Mar an gcéanna, ní féidir a mheas gur iarmhartach é comhartha Sabrina maidir le diúltú don dealbh bheag agus pasáiste comhuaineach Giulio faoin bhfuinneog.

Is é an dara gné ná go bhfuil imoibriú mhothúchánach na ndaoine atá i gceist ag gabháil leis na fíricí. Sa chéad chás, cuireann Giovanna ceist ar cad is deacair di a shainmhíniú mar ócáideach. dara cás Tá baint chomh suairc ag

Sabrina leis an gcomhtharlú aisteach sin go n-éiríonn léi Giulio a phósadh.

Is é an tríú tréith nádúr siombalach na bhfíricí, rud a fhágann go bhfuil sé deacair iad a thuiscint; ach fiú nuair a theipeann ar dhuine a thuiscint cén fáth ar tharla siad, mothaíonn duine go folaíonn siad brí éigin nach mór a dhéanamh amach. Mar ba mhaith le Jung é, tá carachtar "numinous, sacral" ag na fíricí seo.

Comhchoiteanna gan aithne agus archetypes.

Chun coincheap na sioncronaithe a thuiscint go hiomlán ní mór dúinn dul i ngleic le teoiricí Jung. Déanann Jung teoiric, nó aonán, atá ann cheana féin in éabhlóid smaoinimh an duine, agus tugann sé "fochomhfhiosach comhchoiteann" air. Ina chuid staidéir tugann Jung hipitéis gur féidir an psyche daonna a shamhlú mar rud éagsúil i dtrí leibhéal.

An leibhéal comhfhiosach, nó an Chonaic

Is é an chéad cheann an leibhéal comhfhiosach, nó an Chonaic. Tá gach rud atá ar eolas againn fúinn féin agus faoin timpeallacht timpeall orainn suite anseo. Scríobhann Carl Jung:

> "… Tá mo thráchtas, mar sin, mar seo a leanas: chomh maith lenár gcomhfhios láithreach, atá pearsanta go leor, fiú má chuirimid an fho-chomhfhiosach pearsanta mar aguisín, tá an dara córas síceach ann.

Tá an córas seo comhchoiteann, uilíoch agus neamhphearsanta, agus tá sé comhionann i ngach duine. Ní fhorbraíonn an neamhchomhfhiosach comhchoiteann seo ina n-aonar, ach faightear é le hoidhreacht. Is éard atá ann foirmeacha atá ann cheana féin, na seanchineálacha, nach féidir a bheith comhfhiosach ach ag tráth níos déanaí."

"The collective unconscious is a part of the psyche. It can be distinguished from the personal unconscious by the fact that it does not owe its existence to personal experience and therefore is not a personal acquisition.

The Individual unconscious is essentially made up of contents that were present in the consciousness, but then disappeared because they were forgotten or removed.

Instead, the contents of the collective unconscious have never been present in consciousness and therefore have never been acquired individually, but owe their existence exclusively to inheritance.

The individual unconscious consists mainly of complexes. Instead, the content of the collective unconscious is essentially formed by archetypes.

My thesis, therefore, is the following. There is a first psychic system, which includes our individual consciousness. It also includes the personal unconscious. Beyond this, there is a second psychic system of a collective and universal nature, which does not refer to the individual sphere but is identical in all individuals.

This "collective unconscious" does not develop in individuals, but is inherited. The collective unconscious consists of "pre-existing forms", the archetypes. "

Dá bhrí sin, de réir Jung, tá leibhéal comhfhiosachta suite lasmuigh dár n-intinn, nach bhfuil teoranta dár n-inchinn ach scoite ónár bpearsa agus neamhspleách ar ár n-inchinn. Is leibhéal síceach é nach féidir a bheith suite in áit ar bith. Ní "rud" é le fad, leithead, airde, agus meáchan is féidir a thógáil as seo agus bogadh ann. Go simplí, tá an fochomhfhiosach comhchoiteann ann, ar an mbealach céanna lenár n-anam nó le haois crann nó le sreabhadh uisce in abhainn. Ní féidir le duine ar bith an smaoineamh ar aois an chrainn nó ar shreabhadh na habhann a fheiceáil nó a mheá, ach ní féidir a shéanadh go bhfuil siad ann.

Is réaltacht iomlán síceach é an fochomhfhiosach comhchoiteann ina bhfuil eispéiris gach duine agus ar féidir le gach duine tarraingt air. Tá taithí uile na daonnachta i láthair sa fhochomhfhiosach comhchoiteann i bhfoirm archetypes. Sa lá atá inniu ba mhaith linn a rá go bhfuil gach faisnéis a bhaineann leis an chine daonna a stóráil i bhfoirm comhaid ar a dtugtar archetypes.

Ós rud é gur féidir le gach duine idirghníomhú le seanchineálacha an fho-chomhfhiosach, leanann sé go bhfuil go leor eolais againn nach bhfuil taithí againn air.

Agus na focail seo á scríobh agam, tá foclóir agus seiceálaí gramadaí ionsuite i mo chóras scríbhneoireachta ar mo ríomhaire. Déanaim neamhaird den chóras seo, go dtí go ndéanfaidh mé earráid scríbhneoireachta. Nuair a dhéanaim botún, cuireann an córas é sin in iúl dom. An chéad chúpla uair a sheas mé ag féachaint ar na focail bheaga a bhfuil béim dearg orthu sa chlár “Word”, agus níor thuig mé cén fáth. Beagán ar bheagán chuaigh mé i dtaithí air agus thug mé faoi deara go léiríonn an líne dhearg earráid, fiú mura sonraíonn sé cén earráid atá ann. Bheadh sé suimiúil dá mbeadh líne faoi ghorm ar na réamhfhocail is áille de mo chuid scríbhinní, mar léiriú ar shástacht rannóg mistéireach éigin de na bogearraí. B'fhéidir nach dtuigfinn fós, mar cuireann an ríomhaire in iúl é féin le foirmeacha nach bhfuil intuigthe láithreach.

Tá synchronicities rud éigin mar seo. Is comharthaí iad seo a thagann chugainn ó seiceálaí gramadaí a bhfuil a fhios aige cá háit, scaipthe i scamall ollmhór, a fhaighimid i dteanga atá deacair a dhéanamh amach. Uaireanta sleamhnaíonn na seanchineálacha anuas ón bhfochomhfhiosach agus téann siad i bhfeidhm ar ár Chonaic. Cruthaíonn sé seo eipeasóid atá deacair a thuiscint. Tuigimid láithreacht brí folaithe, ach ní thuigimid go beacht brí na teachtaireachta.

Smaoineamh atá chomh sean leis an bhfear.

Bhí sé de bhuntáiste ag Jung a thráchtas a nochtadh ar an bhfochomhfhiosach de réir critéar a bhaineann le déine eolaíoch, ach ní haon smaoineamh nua é an smaoineamh. Tá a fhios againn ó thús na daonnachta agus ó na chéad léiriú ar smaointeoireacht an duine go raibh creideamh ann go raibh leibhéil níos airde síceacha ann. Mhothaigh an chine daonna láithreacht "domhan smaointe" atá dícheangailte ón réaltacht ábhartha.

Aon uair a aithníodh diagacht i réada nádúrtha, mar an ghrian nó an ghealach, cuireadh uacht i gcónaí don réad sin. Ardaíonn an ghrian agus leagann sé gach lá chun beatha a thabhairt don domhan, ach tá uacht aige a bhféadfadh sé a chinneadh freisin gan ardú agus luí amach. Mar sin an gá atá le hómós a thabhairt dó, ómós a thabhairt dó, agus ansin cultas a eagrú agus íobairtí a thairiscint chun é a shásamh.

I dtréimhse chlasaiceach na sean-Ghréige, is gearr gur athraíodh creideamh na reiligiún animíoch Paleolithic agus Neoiliteach go coincheap níos scagtha, sin an Soul of the world (ar a dtugtar freisin, sa Laidin, Anima Mundi). Téarma fealsúnach é seo a úsáideann na Platonists chun beogacht an dúlra ina iomláine a chur in iúl, is é sin, a mheastar a bheith cosúil le horgánach beo amháin. Mar an gcéanna, áfach, tá dlúthbhaint ag anam an domhain le hanam gach duine; dá bhrí sin, tugann sé le tuiscint cruinne ina bhfuil gach rud "rud amháin". Mar sin féin, sa chruinne aonadach seo, caomhnaítear gach indibhidiúlacht.

I gcomhar le Wolfgang Pauli (duais Nobel don fhisic) scrúdaigh Jung an fhéidearthacht go bhféadfadh baint a bheith ag coincheapa na Seandálaíochta agus na Sioncronachta le réaltacht a shainigh sé mar "Unus mundus", as a dtagann gach rud chun cinn agus as a dtagann gach rud ar ais; go beacht, is mar an gcéanna an coincheap Anima mundi ag teacht ó monism Plato agus leathnaithe ag na Neo-Platonists.

Tá a gcuid féin déanta go flúirseach ag fealsúnachtaí agus reiligiúin mar choincheap Anam an domhain, a bhfuil ainmneacha éagsúla i láthair againn inniu i bhfealsúnacht an Oirthir (Tao de chultúr na Síne, nó Ātman de chultúr Indiach) agus i reiligiúin an Iarthair (Dia, an Spiorad Naomh). Tá go leor bealaí neamhreiligiúnacha ann freisin chun tagairt a dhéanamh don réaltacht seo: Intinn Uilíoch, Feasacht Dhomhanda, Spiorad Domhanda. Ag caint ar an bhfochomhfhiosach comhchoiteann, tugaimid faoi deara go bhfuil analaí láidre ann leis na heintitis seo go léir.

Na archetypes.

Léiríonn an fochomhfhiosach go leor cosúlachtaí le coincheapa a forbraíodh le linn éabhlóid chultúrtha an duine. Forbraíonn coincheap eile atá nasctha leis an bhfochomhfhiosach Jungian, coincheap archetypes, go leor analogies freisin. Is catagóirí coincheapúla iad archetypes atá comhshamhlaithe le struchtúir ársa mar iad siúd atá tipiciúil i miotais agus reiligiúin, ach freisin le carachtair shíscéalta de chultúr coitianta. Go deimhin, ní éilíonn Jung féin go bhfuil aon rud nua molta aige, ach admhaíonn sé gur féidir a chuid archetypes a mheas cosúil le príomh-mhóitífeanna miotaseolaíochta gach aga stairiúil agus gach cine daonna.

Mar sin, is féidir leis na seanchineálacha a bheith gan teorainn, díreach mar atá gan teorainn le cumas smaoinimh an duine cásanna fíor nó iontacha a ghiniúint; ó archetype an bháis go dtí an eagla go dtí an chruachás go dtí an trua, ansin ag dul trí na físeanna go léir a eascraíonn as ár n-aisling, áit a ndéantar na figiúirí ina siombailí agus dá bhrí sin archetypes, mar an capall, an damhán alla, an léim isteach sa ar neamhní nó an mac tíre ag ruaigeadh orainn agus sinn ag teitheadh.

Tá aon fhigiúr is féidir lenár n-intinn a shamhlú i láthair mar archetype sa fho-chomhfhiosach comhchoiteann, le brí nach gcomhfhreagraíonn don fhigiúr féin i ndáiríre, ach go bhfuil luach siombalach aige. Mar shampla, is siombail é an capall den mhian taisteal chuig an saol spioradálta. Creideann Plato féin gur rud iad na seanchineálacha a dtarraingímid orthu gan taithí dhíreach a bheith againn orthu, ach cuireann sé é seo i leith an fhíric go bhfuil, dar leis, feicthe againn cheana féin sular rugadh muid. Chun tacú leis an teoiric seo téann sé i muinín an fhoirceadal "cuimhneacháin". Bhí ár n-anam, sular shíolraigh sé isteach sa chorp, ina chónaí i nDomhan na Smaointe áit a bhfuair sé a chuid eolais; Nuair a shíolraigh sé isteach i gcorp coinníonn an t-anam an t-eolas seo. Mar sin deir Plato "Tá a fhios ag cuimhneamh" mar a bheadh eolas dúchasach againn.

Is áit é fochomhfhiosach Jung nach bhfuil smaointe (archetypes) sofheicthe agus inrochtana dár n-anam roimh bhreith, ach go bhfeictear agus go ngníomhaíonn siad inár saol aonair gan aithne.

Uaireanta measaimid archetypes mar choincheapa ginearálta agus teibí. Níor mheas Jung archetypes ar an mbealach seo, toisc nach bhfuil aon fhoirm ag teibíocht. Ar an láimh eile, chreid sé go raibh siad in ann foirmeacha a ghlacadh chun iad féin a nochtadh. Ós rud é go bhfuil siad in ann foirmeacha a ghlacadh agus iad féin a léiriú inár ngan fhios dúinn, is foinsí fuinnimh shíceacha iad archetypes, atá réidh lena n-acmhainneacht a dhíluchtú orainn trí aisling, comhtharlúint, réamhbheartais nó intuition. Tá na feiniméin seo go léir mar bhunús le heipeasóidí sioncronacha.

Is follasaí an difríocht idir coimpeart Plato, ar dá réir a bhfuil smaointe ag an anam ar eolas sula dtagann sé isteach sa chorp, agus smaointe Jung, de réir a n-idirghníomhaíonn archetypes leis an bhfochomhfhiosach aonair le linn an tsaoil, nuair a mheasann duine go dtarlaíonn an gníomh archetypes. go príomha i dtréimhsí struis, géarchéime agus claochlaithe.

Go deimhin, tá an chuid comhfhiosach den duine, atá níos réasúnach agus níos claonadh chun comhréiteach a ghlacadh le réaltacht an tsaoil, ag streachailt go leanúnach leis an bhfo-chomhfhiosach atá níos instinciúla agus níos samhlaíoch agus ar mhaith leis go minic gabháil le hiompraíochtaí nach bhfuil mórán machnaimh orthu.

Mar thoradh air sin, cuireann an Chonaic bacainn soladach in airde chun éifeachtúlacht an fho-chomhfhiosach a choinneáil slán. Ní rud maith é seo i gcónaí agus ní oibríonn sé i gcónaí. Tá amanna ann nuair a wobbles nó collapses an bhacainn.

Is tráthanna géarchéime eiseacha iad seo, mar shampla post a chailleadh, deireadh a chur le caidreamh, nó duine a bhfuil grá aige ar iarraidh. Sna cásanna seo tá coinsias réasúnach an duine aonair trína chéile, ní thuigeann sé cad atá ag tarlú, bíonn sé ag smaoineamh ar cheart a chiontuithe féin agus déanann sé a fhiafraí an raibh sé mícheart agus conas a d'fhéadfadh sé a bheith mícheart. Téann gnáthréasúlacht in aghaidh na fírinne nár shamhlaigh sé chomh amh agus chomh pianmhar sin. Sna cásanna seo íslítear na cosaintí, scoireann an bacainn de bheith dosháraithe agus sreabhann ábhair shíceacha ón bhfochomhfhiosach a fhéadfaidh a bheith i bhfoirm sioncrónachta.

Mar sin, ann féin, bíonn sioncronaíocht i gcónaí ag gabháil le gá atá le hathrú, nó fógraíonn sí é, nó moltar é, ach is i bhfoirm shiombalach is mó a dhéanann sé amhlaidh, le teanga atá fíordheacair le fáil amach.

I measc na samplaí a dhoiciméadaíonn Jung, is dócha gurb é an ceann is cáiliúla an ceann a tharla le linn cóireála ceann dá othar. Ina aiste "Synchronicity as a principle of acausal nexus" a foilsíodh i 1952 déanann Jung cur síos ar an imeacht mar seo a leanas:

> “Bhí aisling ag bean óg, m’othar, ag tráth cinniúnach ina cóireáil. Sa aisling fuair sí scarab órga mar bhronntanas. Le linn di an aisling seo a insint dom, shuigh mé le mo dhroim go dtí an fhuinneog dúnta. Go tobann chuala mé torann i mo dhiaidh, amhail is dá mbeadh rud éigin ag bualadh go bog i gcoinne na fuinneoige. Chas mé thart agus chonaic mé feithid sciathánach ag bualadh i gcoinne na fuinneoige ón taobh amuigh. D'oscail mé an fhuinneog agus rug an fabht. "Cetonia aurata" a bhí san ainmhí beag sin, an ciaróg choitianta a chónaíonn ar rósanna. Is léir go díreach ag an nóiméad sin bhraith an feithidí go raibh orthu dul isteach i seomra dorcha, contrártha lena nós. Caithfidh mé a rá nár tharla a leithéid de chás domsa roimhe seo agus nár

tharla dom ó shin. D'fhan fiú aisling sin an othair uathúil i mo thaithí féin."

"One patient had a dream at a decisive moment in the therapy. In the dream the young woman received a gold beetle as a gift. While she was telling me this dream, I was sitting with my back to the closed window.

Suddenly I heard a noise behind me, as if something was knocking softly against the window.

I turned and saw a winged insect that, from outside, bumped against the window. I opened the window and caught the insect. It was very similar to a gold beetle, that is, to a "Cetonia aurata", the beetle of roses.

Evidently, the insect had felt impelled, at that very moment, to enter our dark room. This, contrary to his habits.

I must add that such a case had never happened to me before and it never happened to me afterwards; That dream of the patient remained a unique fact in my experience. "

Dúirt Jung ansin gur othar thar a bheith deacair a bhí sa bhean, nach raibh céim amháin chun cinn déanta aici go dtí an lá sin. Bean an-réasúnach a bhí inti ina creideamh, agus ba ghá imeacht neamhréasúnach chun í a chroitheadh, ach ní fhéadfadh Jung imeacht dá leithéid a tháirgeadh. Chuaigh an aisling ciaróg i bhfeidhm ar an mbean agus bhí sí tosaithe cheana féin ar ithe isteach ina cosaintí istigh. Nuair a tháinig Cetonia Aurata isteach tríd an bhfuinneog, áfach:

> "bhí a bunúsach nádúrtha in ann briseadh tríd an armúr agus freisin bhí an próiseas claochlaithe a ghabhann leis an leigheas in ann dul chun cinn den chéad uair".
>
> *"Its natural essence succeeded in breaking the armor and the process of transformation that must always accompany a therapy, began to take off".*

San seicheamh míníonn Jung an t-imeacht i dtéarmaí síciteiripeacha agus déanann sé cur síos ar conas a d'éirigh leis an eachtra chun an t-othar a théarnamh. Tugann sé le fios go cuí gur siombail chlasaiceach den athbhreith é an ciaróg. De réir na tuairisce sa leabhar ársa hÉigipte Am-Tuat, an Dia Sun, ar a thuras tar éis bháis, ag an stáisiún deichiú chlaochlú é féin isteach sa ciaróg agus san fhoirm seo ascend sé go dtí an stáisiún déag. Taistealaíonn sé sa bhád a iompraíonn é, á athnuachan, i dtreo an spéir breacadh an lae le bheith athbheirthe don lá nua.

Conas a tharlaíonn "imeachtaí sioncronachta".

Tarlaíonn sioncronaithe go tobann, i saol an duine, nuair a bhraitheann a psyche breoite analaí éigin idir a riachtanais agus na seanchineálacha ar féidir leo rochtain a fháil orthu trína n-neamh-chomhfhiosach. Go deimhin, tá archetypes fonn chun comhoibriú le leas an duine aonair. Áitíonn roinnt teoiricí go bhfuil an cumas ag archetypes idirghabháil a dhéanamh go huathrialach i gcás fulaingt atá ann cheana féin.

Tá an difríocht suntasach. Sa chéad chás, tá coimeádán síceach ceaptha ónar féidir faisnéis a stóráiltear i gcónaí agus atá ar fáil le húsáid a tharraingt. Sa dara cás, áfach, tá sé réamh-mheasta go bhfuil Faisnéise níos airde ann atá in ann riachtanais daoine aonair a bheith eolach agus atá in ann idirghabháil go huathrialach chun cabhrú leo.

I bhformhór na gcásanna tá an chuma ar an dara hipitéis níos dóchúla. Agus anailís á déanamh againn ar chásanna éagsúla sioncronaithe, thiocfadh linn go léir treo a aithint, nó fiú láithreacht Spiorad uilíoch, go beacht Soul an domhain, a bheadh in ann é féin a chur i láthair agus a oibriú i bhfabhar gach créatúr, gan teorainneacha spáis agus am.

Ar an mbealach seo déantar rud idirnasctha don chruinne, fite fuaite (fotaithe) i ngach cuid dá cuid, ionas go mbeidh sé ina rud amháin leis an iomlán. Éiríonn fear, fiú ina indibhidiúlacht, is é sin ina ego, ina mhóilín, mar chuid d'orgánach níos mó, an Cosmos Chliste, a chosnaíonn agus a threoraíonn trí eipeasóid shioncrónacha é.

Jung ar a dtugtar an réaltacht aontaithe ábhar agus aigne an "psychoid." Is leibhéal é atá os cionn ábhar agus psyche, ach áirítear leis an dá cheann.

Ina theannta sin, mar atá feicthe againn sna samplaí roimhe seo, níl an fochomhfhiosach comhchoiteann cosúil le stóras támh ar chor ar bith, ach is cosúil go bhfuil faisnéis aige a shíneadh chuig an am atá caite agus amach anseo, rud nach féidir a mhíniú de réir ár gcatagóirí machnaimh. Táimid i dtaithí ar dhomhan ina dtarlaíonn rudaí ceann i ndiaidh a chéile, agus bíonn gach imeacht mar iarmhairt ar imeacht roimhe sin agus ina chúis le himeacht eile.

Ag an leibhéal comhchoiteann neamhchomhfhiosach, téann faisnéis síos freisin i dtreo an choinsiasa in ord inbhéartaithe, mar shampla nuair a thugann premonition rabhadh dúinn faoi rud éigin sula dtarlaíonn sé. Uaireanta cuireann "glao teileapathic" in iúl dúinn an chontúirt atá ann faoi láthair a bhaineann le grá atá na céadta míle ar shiúl. Tá sé seo ag tarlú ag an bpointe nuair a bhíonn an chontúirt ag teacht chun cinn.

Tá na mílte fianaise ann maidir le daoine a dhúisíonn le tosú i lár na hoíche, ag an am céanna go bhfuil ionsaí á dhéanamh ar ghaolta nó go bhfuil baint aige le timpiste. Tá go leor fianaise ann freisin maidir le feasacht ar bhás duine i bhfad i gcéin, díreach mar atá ag tarlú.

Is féidir linn achoimre a dhéanamh ar shaintréithe tipiciúil feiniméan sioncrónach sna cúpla ráiteas seo a leanas.

Is éard is sioncronacht ann toradh (suim) dhá phríomhfhíoras nó níos mó nach mbaineann lena chéile, a fhaigheann brí don duine a fhaigheann an tsioncronacht amháin.

Ar thaobh amháin, áit ar bith ar domhan agus tráth ar bith is féidir a nascadh go siombalach, faigheann duine íomhá gan aithne i bhfoirm aisling, premonition, glaoch telepathic, smaoineamh tobann, íomhá díreach nó siombalach.

In áiteanna eile, áit ar bith ar domhan agus in am is féidir a nascadh go siombalach, tagann imeacht nó fíric i gcomhthráth leis an íomhá gan aithne.

Cinniúint nó "sioncronacht"?

Insíonn an scríbhneoir Meiriceánach Louis L'Amour, (bréagainm Louis Dearborn LaMoore) ar a shuíomh Gréasáin scéal dochreidte Mrs. Sarah Richley, bean tí chiúin ar chothaigh a mac Peter paisean an-mhór don fharraige. Nuair a bhí Peadar fásta, in ainneoin na tuairime contrártha agus imní a mháthar, chinn sé dul ar bord agus a shaol a chaitheamh sa ghné a raibh an oiread sin grá aige dó. Mar gheall ar fhaillí agus ar dheacrachtaí na ndaoine a bhí ag taisteal ar muir chun teagmháil a choinneáil leis an mórthír, chaill an mháthair agus an mac teagmháil.

Seo é an réamhrá, agus ina dhiaidh sin leathnaíonn an scéal ina dhá ghníomh.

Sa chéad ghníomh, atá dochreidte go leor cheana féin, leanfaimid ar ais ar eachtra Pheadair ar cheann dá thurais in 1829. Is fíor-imeachtaí iad seo, a thuairiscítear go dúthrachtach sna cláir chabhlaigh agus a bhfuil trácht orthu sa seachtú imleabhar den Great Encyclopedia of the Sea arna fhoilsiú san Iodáil ag Armando Curcio agus arna stiúradh ag an déantóir cáiliúil faisnéise Folco Quilici.

Scéal Dochreidte Sarah Richley, Gníomh I

I mí Dheireadh Fómhair 1829 sheol an scúnóir Astrálach Mermaid ó Sydney go Collier Bay in iarthar na hAstráile. Bhí 18 gcriú ag an soitheach, faoi cheannas Samuel Nolbrow, Peter Richley ina measc, agus d’iompair sé triúr paisinéir. Ar an gceathrú lá loingseoireachta, nuair a bhí an bád i Caolas Torres an-chontúirteach, idir an Astráil agus an Nua-Ghuine, tharla an rud do-athleasaithe.

Bhain bainc scamall uafásacha an long. Stop an ghaoth agus d'fhan an long gan gluaiseacht. I lár na hoíche tháinig stoirm fhoréigneach. Gearradh an t-árthach isteach i sceir choiréil arís agus arís eile agus bhris sé as a chéile in ainneoin iarrachtaí éadóchasach na foirne. Thréig an 21 fear an raic agus léim isteach san fharraige agus shnámh siad go dtí gur shroich siad carraig. Fuair an captaen, a tháinig go deireanach, go raibh gach 21 sábháilte.

Chaith siad trí lá agus trí oíche ar an gcarraig, go dtí go bhfaca an Brig-Swiftsure a tharla sa cheantar iad agus gur phioc siad suas iad, ag leanúint ar aghaidh leis an mbealach. Tar éis cúig lá, áfach, chuaigh an Swiftsure isteach i sruth suaite freisin agus scriosadh é.

Thréig gach áititheoir long go pras. Arís eile sábháladh gach duine mar ní fada go raibh an scúnóir Gobharnóir Ready ag dul thart, le 32 criú, a phioc suas agus a d'óstáil marthanóirí an dá long a chuaigh roimhe ar bord.

Faraor, ní raibh na himeachtaí diúltacha thart fós. D'athchrom an scúnóir ar a aistear, fiú má mheáchan an iomarca daoine ar bord é. Tar éis cúpla uair an chloig, las duine éigin go míchúramach tine, rud a d'iompaigh ina tine fiáin. Ar an drochuair níorbh fhéidir an tine a chur amach agus b'éigean do chriúnna uile Mermaid, Swiftsure agus Gobharnóir Réidh dul isteach sna báid tarrthála.

Mar sin féin, fiú an uair seo bhí na marthanóirí, is é sin gach duine, in ann buíochas a ghabháil le dea-ádh mar go gairid ina dhiaidh sin bhí scáthchruth Cóiméad gearrthóra na hAstráile le feiceáil ar na spéire.

Trí chomhtharlú uatha a tharla stoirm a bhrúigh an Cóiméad as cúrsa, ionas gur trí sheans a chonaic sí báid tarrthála na n-iomaitheoirí.

Nuair a fuair mairnéalaigh an Chóiméid amach go raibh na daoine sin ina n-íospartaigh ar thrí longbhriseadh thosaigh aiféala orthu gur shábháil siad iad, ach faoi seo bhí siad ar bord. Mar sin féin, d'eascair timpeallacht an teannais mhóir a spreag an t-amhras go raibh droch-chinniúint ag gabháil leis na daoine sin, agus go bhféadfadh tubaiste eile é féin a dhéanamh arís. Ní raibh siad mícheart. Tar éis cúig lá ar muir, bhí an Cóiméad wrecked freisin. An uair seo ní raibh aon bháid tarrthála ann do chách, agus mar sin bhí ar go leor fanacht san uisce ag cloí le hiarsmaí na loinge báite. B'éigean dóibh fanacht amach ar feadh 18 lá, sular tharrtháil galtán de chuid Sheirbhís Poist na hAstráile iad, an Iúpatar.

Is iontach an rud é, tar éis ceithre longbhriseadh ní raibh aon íospartaigh ina measc: i ndáiríre, níor gortaíodh aon duine fiú amháin ach amháin na bruises beaga a bhí dosheachanta i gcúinsí den sórt sin.

San iomlán seo b'fhéidir go raibh Peter Richley tar éis a mhian seoltóireachta a mhaolú. Dhealraigh sé go raibh gach rud thart, ach ... ní raibh sé. Tar éis tamaill, bhuail an galtán Iúpatar carraig freisin agus chuaigh sé go tóin poill.

Ar ámharaí an tsaoil, ní fada ón longbhriseadh deireanach seo a bhí an long paisinéirí City of Leeds a tharrtháil arís na daoine go léir a tháinig slán as cúig longbhriseadh, agus ar deireadh a thug slán sábháilte go Sydney iad áit a bhféadfadh siad dul ar bord agus a n-eachtra a insint.

Deir an scéalaí, agus é ag críochnú a scéal in Encyclopedia of the Sea, mar seo a leanas:

"Comhtharlú amháin? B'fhéidir... Mar sin féin tá cásanna ann ina ndealraíonn sé go ndéanann aonán dorcha imeachtaí a ionramháil. Treoraíonn an t-eintiteas seo go hintinneach imeachtaí a bhfuil cuma dhaonna orthu..."

Seo a chríochnaíonn an scéal atá sainmhínithe againn mar an chéad ghníomh.

I gcás Peter Richley, áfach, níl an scéal críochnaithe toisc go raibh ár mairnéalach, sular tháinig sé ar bord, agus é fós ar bord na loinge deiridh, páirteach sa dara gníomh, rud atá, más féidir, níos dochreidte ná an chéad cheann.

Scéal Dochreidte Sarah Richley, Acht II

Gabhaimid arís le haithris an scríbhneora Louis L'Amour. An uair seo tá sé ar fad ag tarlú ar bord an línéar paisinéirí 'City of Leeds'.

D'iompair an long seo, a d'imigh ón Ríocht Aontaithe agus a chuaigh go Sydney, paisinéirí ó chúlraí éagsúla ar spéis leo an Astráil a bhaint amach ar na cúiseanna is éagsúlaí. Ag cur san áireamh na míchaoithiúlachtaí móra a bhain le taisteal an tráth sin, ba daoine óga den chuid is mó a bhí sa lucht siúil, nó ar aon chuma láidir agus sláinte mhaith. Dá bharr sin, ní raibh fadhbanna móra ag dochtúir na loinge agus é i mbun a chuid oibre.

Ar an turas seo, áfach, bhí deacracht mhór ag an dochtúir. Déanta na fírinne, bhí seanbhean a bhí ag taisteal ina haonar tar éis titim faoi mheáchan na mblianta agus na dtinnis tráth amháin, agus bhí sí san ospidéal anois in otharlann na loinge. Is iomaí uair a d’iarr an dochtúir ar an mbean:

"Ach cén fáth a raibh tú, a bhean scothaosta, ag iarraidh tabhairt faoin turas seo ó Shasana go dtí an Astráil?"

D'fhreagair an tseanbhean ag rá arís nár chuala sí óna mac le blianta. Bhí sé tar éis a fháil amach le déanaí go raibh a mhac ag déanamh a chuid oibre feadh bhealaí cósta na hAstráile, agus mar sin bheartaigh sé dul ar a lorg. Gach uair a tharraing an tseanbhean grianghraf d'aois as a sparán chun aghaidh a mic a thaispeáint don dochtúir.

"Seo é mo mhac. Ba leor dom é a fheiceáil arís agus ansin d'fhéadfainn bás a fháil faoi shíocháin. Cuidigh liom, a dhochtúir." Duine íogair a bhí sa dochtúir agus theastaigh uaidh cabhrú leis an mbean, ach ní raibh a fhios aige conas.

Go gairid i ndiaidh ceann de na hathagallaimh seo, thug an dochtúir cuairt leantach ar roinnt mairnéalach a bailíodh ar muir tar éis briseadh a gcuid long. Cé go raibh sé fós ag smaoineamh ar an ngrianghraf dá mhac caillte, fuair sé é féin os comhair mairnéalach a raibh a saintréithe cosúil go leor. Gruaig dhorcha, forehead ard, srón aquiline, liopaí tanaí agus smig fhuaimnithe. Tar éis scrúdú dromchlach b'fhéidir go measfaí an fear óg seo an-chosúil leis an ngrianghraf. D'fhéadfadh fiú an aois a fhreagraíonn. Bhuail smaoineamh é: cén fáth nach gcuirfí an fear óg seo in aithne don tseanbhean nach raibh a fís foirfe a thuilleadh, ionas go ligfeadh an mheabhlaireacht mhaith seo di deireadh a chur lena saol faoi shíocháin?

Mhínigh sé gach rud don fhear óg agus d'fhiafraigh sé de ar mhaith leis é féin a thabhairt ar iasacht don ról seo. Ní raibh an fear óg, áfach, ag iarraidh glacadh le complicity sa mheabhlaireacht sin.

"Tar éis an tsaoil, ní dhéanfá ach gníomhas maith don bhean sin", a d'áitigh an dochtúir, "ní bheadh ort ach ligean ort ar feadh cúpla nóiméad gurb é Peadar an t-ainm atá ort".

Thosaigh an fear óg ag magadh.

"Bhuel, ní déarfainn bréag ar aon nós, mar is é Peadar m'ainm ceart. Ach ba chóir go mbeadh níos mó eolais agam. Cé go díreach í an bhean seo?"

"Is bean Sasanach í, Sarah Richley áirithe."

D'iompaigh Peadar óg pale agus chroith crith domhain a chorp ar fad, ansin d'éiligh sé:

"Ach tá sé mo mháthair!"

Ba í go deimhin a mháthair. Chinntigh cinniúint (nó sraith dochreidte sioncrónaithe) go bhféadfaí máthair agus mac a thabhairt le chéile arís, trí líon nach lú ná cúig longbhriseadh.

Tar éis an lúcháir a bhain le teacht ar a mac, tháinig an bhean chucu féin agus mhair sí ar feadh i bhfad eile gan teagmháil a chailleadh le Peadar. Lean an mac ag seoltóireacht, áfach.

Doiciméadaíonn roinnt foinsí ar an ngréasán an scéal seo, mar shampla

http://tardis.wikia.com/wiki/Sarah_Richley

Meabhraíonn an sagart pentecostal Philip Harrelson an scéal seo gach bliain ina sheanmóir ar Lá na Máthar, mar a chuirtear ar an suíomh é

https://www.sermoncentral.com.

Áitíonn cuid acu nach mbeadh an scéal fíor, toisc gur seoladh an long City of Leeds tar éis 1829, an bhliain inar tharla na himeachtaí. Go deimhin, tá gach farraige ag cur thar maoil le longa leis an ainm céanna. Seo roinnt samplaí. Chomh maith leis an 'City of Leeds' ónár scéal, seoladh long eile darbh ainm 'City of Leeds' i 1903, in éineacht lena deirfiúr long 'City of Bradford'. Seoladh dhá long lastais eile faoin ainm 'City of Leeds' i 1908 agus 1944.

Is éard atá i sioncronicities ná eascairt d'intinn uilíoch.

Faightear an cruthúnas cinntitheach nach seachmaill ár psyche iad na sioncrónachtaí ach go dtagann siad ó “mheon níos fearr” nuair a aimsímid go bhfuil eipeasóid shioncrónach ann a raibh baint ag go leor daoine leo agus iad ag tógáil eachtra nach mbíonn tionchar aige ach ar cheann amháin acu. Tharla sé seo sa seicheamh dochreidte imeachtaí a bhfuil cur síos déanta agam díreach orthu.

Ach ní leor sin. Ní hamháin go mbaineann sioncrónacht le saol daoine aonair nó le grúpaí beaga, ach le cinniúint chomhchoiteann an domhain. Treoraíonn Synchronicities pobail daoine, daoine, náisiúin agus an domhan ar fad i dtreo leibhéal feasachta níos airde. Is aistear é d’éabhlóid chultúrtha agus spioradálta, sprioc nach féidir linn ach a shamhlú.

Labhraíonn an t-eolaí Íosánach Pierre Teillard de Chardin ar an Pointe Omega, is é sin an t-uasleibhéal castachta agus comhfhiosachta ar cosúil go bhfuil claonadh ag an Cruinne ina éabhlóid.

N'fheadar go leor cén fáth a raibh cónaí ar an duine ar feadh na milliúin bliain, tar éis a chuma, i staid beagnach brute na Clochaoise, gan ach léim éabhlóideach dochreidte a dhéanamh le dhá mhíle bliain anuas. I gcodán beag ama táimid imithe ó aois na cloiche go dtí an rud is féidir linn a shainmhíniú mar "aois na faisnéise", i.e. an ré ina bhfuil cónaí orainn faoi láthair.

An bhfuil sé loighciúil nach bhfuil aon léim éabhlóideach suntasach déanta ag an gcine daonna leis na milliúin bliain, murab é sin na n-oibreacha cloiche éagsúla, chun pléascadh ansin i bhforbairt leanúnach úrscéalta, aireagáin, sealbhú teicneolaíochtaí nua? Tá sruth corraitheach nuálaíochta tar éis cathracha a chlaochlú ó chnuasaigh de bhotháin ceann tuí go fairsinge ollmhóra spéirlingí.

Más rud é go raibh gach rud ag brath ar an duine, ba cheart go mbeimis ag súil le héabhlóid de réir a chéile, i bhfad níos scaipthe thar am. Ach ní hea, tharla ár bhforbairt ar fad, ó thángthas ar thalmhaíocht agus miotal ar aghaidh, sa 0.003% deireanach dár dturas tríd an stair.

An bhfuil sé dlisteanach a shamhlú gur shocraigh "duine éigin" nó "roinnt fuinnimh" ar deireadh, tar éis 99.997% dár dturas, gurbh é an t-am ceart é don chine daonna a bheith treoraithe i dtreo céim níos airde dá bhfuil ann?

Le trí chéad bliain anuas tá taithí againn ar thréimhse ábharachais dhomhain, inar diúltaíodh do rud nach féidir a mheá ar an gcothromaíocht, a thomhas agus a atáirgeadh sa tsaotharlann.

Réir dealraimh, tá sraith iomlán de synchronicities atá ag forbairt le linn an chéid seo caite ag iarraidh an domhan a threorú chuig an bhfeasacht nach bhfuil an cosmos comhdhéanta d'ábhar amháin, ach ábhar agus psyche. Tá saothar Jung, a chomhoibriú le Wolfgang Pauli agus forbairt na fisice chandamach le fionnachtain an fheiniméan de cheangail chandamach ag briseadh síos miotais an domhain atá déanta as ábhar amháin.

Diúltaíonn an eolaíocht nua cruinne atá á rialú ag seans agus réamh-mheastar léim éabhlóideach nua don chine daonna, áit a bhfaighidh cúiseanna an psyche, atá faoi chois le fada, a n-áit agus a dtábhacht.

Ceart go leor, ach… cá bhfuil an
fhianaise?

Tá an méid atá ráite go dtí seo tar éis imbhualadh, agus leanann sé ag imbhualadh, le beagnach gach timpeallacht eolaíoch a shéanann, mar chleachtas, go bhfuil aon ní a shainmhínítear mar "síceach" nó "spioradálta", ag áitiú nach bhfuil an cruinne ar fad seachas ábhar. Rugadh an connotation ábharaíoch seo den eolaíocht nua-aimseartha san ochtú haois déag, le teacht an tsolais.

An tréimhse stairiúil ar a dtugtar "aois an tsolais".

Gluaiseacht fealsúnach, pholaitiúil, chultúrtha agus shóisialta a bhí san Enlightenment, a rugadh thart ar 1700 i Sasana, a d'fhorbair go luath ar fud na hEorpa agus a shroich a bhuaic sa Fhrainc. Eascraíonn an t-ainm ó mhian a tionscnóirí agus a lucht leanúna meon fir eile a shaibhriú a bhí, dar leo, sna hamanna sin faoi cheilt ag piseog agus ag aineolas. Ghlac formhór na sochaí cultúir agus uaisle leis an Slightenment agus thacaigh an chuid is mó den tsochaí chultúir agus uasaicmeach léi, agus d'ainneoin coinbhleachtaí searbha ar thaobh na cumhachta eaglasta, tháinig deireadh leis an réim trí nósanna sóisialta a dhíriú ar a luachanna.

Ó na chéad fealsúna ar aghaidh creideadh go raibh an chúis sin ina bhealach le machnamh a dhéanamh ar fhírinní arda, agus measadh go raibh an chúis soléite mar uirlis phraiticiúil, oibríochta agus feidhmiúil chun cultúr agus dul chun cinn a fhorbairt. De réir smaointeoirí na hEagnaíochta, ní sna tuairimíochtaí fealsúnacha a éiríonn le cúis a thuilleadh, ach sna torthaí praiticiúla a bhaintear amach: tá cúis úsáideach más féidir leis fíricí agus rudaí a mhíniú go réasúnach, gan dul i muinín argóintí meafarach. Agus iad ag iarraidh fir a shaoradh ó eagla míréasúnta na anaithnide, mhaígh abhcóidí na hEagnaíochta go bhfuil cumas intreach ag gach fear an réaltacht atá thart timpeall air a thuiscint, ach go gcaithfidh sé é féin a shaoradh ó shárstruchtúir shárshaolta. De réir theoiric na hEagnaíochta, cuirtear na forstruchtúir seo i bhfeidhm ag cumhacht a bhfuil spéis aige ceannas a ghlacadh sa tsochaí trí na daoine a choinneáil ar aineolas.

Bhí na hintinn go maith. Ar an drochuair, is de dhea-intinn a rugadh gach réabhlóidí. Ansin i gcleachtas, tar éis an leanbh a ní, ba mhaith le duine é a chaitheamh ar shiúl leis an uisce folctha.

Is féidir linn a rá go leanann tonn fada an tSoilsiú ar aghaidh ag nigh bhruacha na heolaíochta nua-aimseartha.

Is é ceann de phrionsabail ábharachais an tsolais gur meaisín é an domhan. Leanann an meaisín seo dlíthe na fisice atá ar eolas agus atá ag teacht chun cinn, agus ní fheidhmíonn sé aon chuspóir. Níl aon críochnúlacht sa chruthú iomlán, agus mar sin freisin i saol an duine. Is meaisín é fear freisin a chomhlíonann a fheidhmeanna ríthábhachtacha gan aon chríche go dtí go bhriseann sé síos agus go scoirfidh sé de bheith ann.

Is é Denis Diderot, comhúdar le Jean-Baptiste D'Alembert den Encyclopedia cáiliúil a foilsíodh i 17 n-imleabhar ó 1751 go 1772, ról eolaí mar sin:

> "An t-eolaí, a bhfuil a ghairm chun oideachas a chur ar agus gan na daoine a fhoirmiú go spioradálta, fágfaidh sé ar leataobh an "cén fáth" ag féachaint ach amháin ar an "conas".

Tarraingítear an “conas” ón neacha, agus an “cén fáth” ónár n-intleacht... Cé mhéad smaointe áiféiseach, cé mhéad bonn tuisceana bréagach, cé mhéad nóisin chimerical is féidir a fháil sna hamhráin mholtaí a cumadh in onóir an Cruthaitheoir".

"The profession of the scientist is to instruct and not to give moral lessons. In his teachings he will leave aside the "why, "looking only at "how ".

The "how" is derived from things, from beings. Instead, the "why" is only a fruit of the intellect. The intellect is not reliable. How many absurd ideas, how many false assumptions, how many chimerical notions are found in the songs in honor of the Creator!

In ainneoin an diúltú seo don spioradáltacht agus don fhís ar fad de réaltacht gan chuspóir bunaithe ar sheans, dhiúltaigh lucht leanta na hEagnaíochta go n-amharcfaí orthu mar lucht ábhartha. Dúirt Voltaire arís agus arís eile nár mhothaigh sé an misneach cinneadh a dhéanamh maidir le hábharachas ná le spioradáltacht.

Aois an tsolais agus na salons liteartha.

Go beacht mar gheall ar leathnú na hEagnaíochta a thosaigh san ochtú haois déag, ghlac an tréimhse sin an t-ainm Ré an tSoilsiú, nó "Siècle des Lumières".

I measc na bpríomhcharachtair is féidir linn Voltaire na Fraince, Montesquieu agus Fontanelle a lua, a d'admhaigh, áfach, go raibh siad spreagtha ag fealsúnacht Shasana bunaithe ar chúis eimpíreach agus eolas eolaíoch, i.e. ar phríomhghnéithe smaointe Locke, Newton agus Hume.

Fuair an Enlightenment cúnamh mór ó na salons liteartha.

Bhí an traidisiún cultúrtha seo i láthair sa Fhrainc cheana féin.

De réir an traidisiúin seo, bhuail daoine le chéile go rialta ag an "bureaux d'esprit" mar a thugtar air.

D'eagraigh baill a raibh tionchar acu den mheánaicme uachtarach nó den uaisleacht cruinnithe na salons seo, a bhíodh ag tabhairt cuireadh do dhaoine a raibh clú agus cáil orthu dul i mbun cainte agus díospóireachta ar shaincheisteanna reatha. Bhí aithne ar sheomra líníochta Madame Geoffrin, ag tabhairt cuireadh do dhaoine cáiliúla liteartha agus fealsúnacha ar nós Diderot, Marivaux, Grimm, Helvétius.

Bhí Baron d'Holbach san iomaíocht le Madame Geoffrincl trí chruinnithe a eagrú ar fhreastail na carachtair chéanna orthu, chomh maith leis na Abbé Galiani agus fealsúna eile.

An brat cultúrtha seo agus an fhíric go raibh tacaíocht bhunúsach ag an ngluaiseacht ón aicme aristocratic nó ard-aicme, in iúl dúinn a thuiscint conas a d'fhéadfadh a gcuid cúiseanna a scaipeadh go bunúsach go leibhéil uachtaracha na sochaí. Is lú i bhfad na smaointe a scaipeadh i measc na ndaoine a bhí le fuascailt.

Mar sin féin, mura gcuirfimid seasaimh ábharacha agus aindiacha san áireamh, mar iad siúd a bhain leis an gcéim dheireanach de smaoinimh Diderot, tá coincheap "Dia" le fáil i bhformhór na smaointeoirí san Fhaisnéis. Chun an t-intleacht nádúrtha seo ina gcuid féin a réiteach leis na teoiricí a d'fhógair siad, rinne siad iarracht a léiriú go raibh Dia ann ag bunús na cruinne trí argóintí eolaíocha. San iarracht seo, ag cur san áireamh foirfeacht iontach an chruthaithe, tháinig siad chun a rá go raibh "geoiméadar síoraí" ann. Ba í an cheist a chuir Voltaire air féin freisin:

"Nuair a thuigim an t-ordú, scil iontach na ndlíthe meicniúla agus geoiméadracha a rialaíonn na cruinne, modhanna agus críoch neamhiomlán gach rud, gabhtar mé le meas agus le meas. Admhaím an ard-éirim seo gan eagla go n-athródh duine éigin mo chuid féin. tuairim... Ach cá bhfuil an suirbhéir síoraí seo? An bhfuil sé ann áit éigin nó i ngach áit, gan spás a bheith aige? Níl eolas ar bith agam air".:

"When I evaluate the order and the prodigious ability of the mechanical and geometric laws that govern the universe, I am taken by admiration and respect.

I admit this supreme intelligence. I am convinced of his existence and I am not afraid that someone could change my opinion.

But where is this eternal surveyor? Does it exist in a specific place or is it spread everywhere? Does it occupy a space or not? I know nothing about this. "

Ar an drochuair, níor fhan aon rian de na amhras seo sna céadta bliain ina dhiaidh sin, agus i

Lánléargas eolaíoch an lae inniu tá an coincheap "Dia", fiú curtha in iúl i bhfoirm amhrasach, scriosta go hiomlán. Go deimhin, sa lá atá inniu ann, tá ciorcail eolaíocha, le heisceachtaí an-annamh, dírithe ar ábharachas, go fortunately gan rath mór.

Déanta na fírinne, creideann beagnach gach duine ó gach cearn den domhan, fiú iad siúd a mhair ar feadh tréimhsí fada faoi riail na holltoghchánaíochta aindiachaí, nach meaisíní ná ceirtleáin randamacha iad. Creideann siad go bhfuil spioradáltacht agus anam acu chomh maith leis an gcorp.

Na dlíthe na fisice clasaiceach ní féidir a bhriseadh saor in aisce.

Eascraíonn séanadh réaltachtaí síceacha ón bhfíric go mbrisfeadh siad seo na dlíthe fisiceacha ar a bhfuil an cruinne mar is eol dúinn é. Ní hamháin go bhfuil fisic chlasaiceach, ach freisin fisic na coibhneasachta faoi réir na rialacha soiléire dea-shainithe seo.

Má bhíonn eolas agat ar na dlíthe seo is féidir a thuar tráth ar bith cén chaoi a n-iompróidh an t-ábhar atá mar chuid den réaltacht, ie rudaí agus rudaí, ón té atá níos éadroime toitíní againn go dtí na réaltraí is faide i gcéin.

Tá critéar meicniúlachta ann a rialaíonn na cruinne aitheanta. Braitheann gach tarlú ar chúis, agus déantar gach teagmhas an chúis a thugann tarlú ina dhiaidh sin. Gineann comhlacht gluaiseachta a bhuaileann comhlacht doghluaiste eile sá is féidir a ríomh le cruinneas, toisc go mbraitheann sé ar mheáchan an dá chorp agus ar luas an chéad cheann. Gluaiseann an dara corp, ar a seal, i dtreo is féidir a thuar, suas go dtí achar chomh intuartha.

Ina theannta sin, teastaíonn meán chun gach rud a bhogadh: mar a ghluaiseann long ar uisce agus carr ar an mbóthar, iomadaíonn ceol agus gutha tríd an aer, agus iompraítear iad ag tonnta fuaime.

Is féidir linn trí phríomhdhlí a mheas.

Is é an chéad dlí an tsaighead ama. Ní théann an t-am ach ar aghaidh, agus ní féidir le himeacht ar bith dul roimh an méid a tharla cheana féin. Socraítear ord na n-imeachtaí ag imeacht ama, rud nach ligeann dúinn riamh dul ar ais, fiú amháin más mian linn uaireanta.

Is é an dara luas. Ní féidir le haon rud bogadh níos tapúla ná luas an tsolais, atá thart ar 300,000 km in aghaidh an tsoicind.

Is é an tríú ná go laghdaítear fórsa ar bith, lena n-áirítear domhantarraingt agus maighnéadas, i gcumhacht mar fheidhm faid. Bíonn tionchar ag fórsa domhantarraingthe an Domhain ar an nGealach, ach is cinnte nach bhfuil Europa ná Ganymede, satailítí Iúpatair. Go deimhin, déanann sé amhlaidh go pointe níos lú.

Mar an gcéanna tarraingíonn maighnéad píosa iarainn a chuirtear fad áirithe. Mar sin féin, má bhogaimid an t-iarann ar shiúl ón maighnéad, laghdaítear an tarraingt go dtí go scoirfidh sé.

Cloíonn an chruinne ar fad leis na dlíthe seo, cé go bhfuil roinnt saobhadh á dtuar ag teoiric na coibhneasachta. Mar sin, is féidir linn deacracht na heolaíochta a thuiscint nuair a theipeann orainn an fhéidearthacht a cheapadh nach gcloíonn rud éigin leis na dlíthe seo, cosúil le braistintí extrasensory mar shampla.

Ní féidir le réamhbheartaíocht a bheith ann mar ní féidir le duine a fhios ar dtús rud éigin a tharlóidh níos déanaí. Cad as a dtiocfadh an t-eolas seo? Níl aon spás fisiceach ann a d'fhéadfadh an todhchaí a chuimsiú. Níl aon chartlann de rudaí a tharlóidh amach anseo.

Is minic a luaitear smaointeoireacht an duine, a rá go bhfuil an smaoineamh sin ag taisteal níos tapúla ná solas. Déanta na fírinne, is féidir le machnaimh an t-am atá thart agus an todhchaí a iniúchadh agus féadfaidh sé aon réimse den chruinne, nó aon chruinne eile, a bhaint amach leis an déine céanna.

Tá freagra na heolaíochta an-simplí: tá smaoineamh bunaithe inár n-inchinn agus dá bhrí sin ní bhogann sé i bhfad, ní fhágann sé an cás inchinn. Rugadh agus faigheann sé bás sna cúpla ceintiméadar ciúbach sin. Sa chiall seo freisin ní féidir cumarsáid teileapathic, mar ní féidir aon smaoineamh a fhágáil inchinn a flutter in inchinn eile.

Dá bhrí sin, chun a rá go bhfuil réaltacht shíceach cosúil leis an gceann a thuairiscítear sa chéad chuid den leabhar seo, bheadh sé riachtanach gné den chruinne a fháil amach nach raibh rialacha na fisice clasaiceacha bailí a thuilleadh.

Sa ghné seo atá cosúil leis an bhfochomhfhiosach comhchoiteann (má bhí sé ann riamh) d'fhéadfadh smaointe Plato nó archetypes Jung a bheith ann agus oibriú.

Go dtí 1950, ní ghlacfadh aon eolaí ceint amháin riamh as an bhféidearthacht seo. Ina áit sin, le blianta beaga anuas, tá dul chun cinn mór déanta ag an bhfisic chandamach trí ábhar a imscrúdú i réimse na ndaoine fíorbheaga. Bhí an fhéidearthacht ann go raibh gné shíceach amháin, cosúil leis an bhfo-chomhfhiosach comhchoiteann, ann i ndáiríre ag tús an chéid seo caite agus ar deireadh, sna blianta ó 1980 ar aghaidh, bhí sé cruthaithe go heolaíoch. Táimid ag caint faoi "entanglement quantum".

Comhoibriú idir an eolaíocht agus an
psyche daonna.

Ceann de na comhtharlúintí is suntasaí, sa tsioncronacht mhór atá ar siúl le blianta fada anuas atá ag treorú an chine dhaonna i dtreo coincheap iomlán difriúil den chruinne, ní ceirtleáil chaotic ábhar a thuilleadh atá á rialú ag seans ach sraith ordúil ábhar agus psyche. treoraithe ag aigne Uilíoch, is cinnte go raibh an teagmháil idir an síceolaí Eilvéiseach agus síciteiripeoir Carl Gustav Jung agus an t-eolaí Ostair (a gheobhaidh an Duais Nobel san fhisic i 1945) Wolfgang Pauli.

Tháinig an bheirt le chéile i Zurich, áit a raibh Jung ag cleachtadh mar shíciteiripeoir agus Pauli ina Ollamh le Fisic Theoiriciúil san Institiúid Teicneolaíochta.

Bhí an cruinniú ar siúl i 1932, tar éis do Pauli, áitithe ag a athair a raibh faitíos air faoina shláinte, coinne a iarraidh ar Jung chun measúnú a dhéanamh ar an bhféidearthacht anailís a dhéanamh.

Go deimhin, bhain Pauli leas as cabhair Jung chun roinnt fadhbanna eiseacha a réiteach a d'eascair as na himeachtaí a raibh baint aige leo. Ar an gcéad dul síos féinmharú na máthar a tharla cúpla bliain roimhe sin, agus athphósadh an t-athair ina dhiaidh sin le bean a bhí ar chomhaois le

Wolfgang. Ar deireadh, ach ní a laghad, a phósadh le Kathe Deppner, damhsóir cabaret, ar theip uirthi tar éis cúpla seachtain.

Taobh amuigh den spreagadh don chéad chruinniú, thosaigh caidreamh idir an dá eolaí a mhair ar feadh cúig bliana is fiche ar a laghad, agus ba é an toradh a bhí ar dhíospóireacht epistolach den chuid is mó. Ina n-argóintí chuaigh an bheirt chomh fada le teorainneacha a réimsí staidéir, fisice agus síceolaíochta faoi seach, agus mar sin tógadh droichead idir an dá eolaíocht a measadh go dtí seo a bheith fíor-réasúnta.

Bhí a fhios acu conas cruthaitheacht Jung a chomhcheangal le déine disciplín eolaíoch Pauli, gan teacht ar chúiseanna le neamhthuiscint nach bhféadfaí a shárú, ná argóintí ar son briseadh.

Chuaigh Pauli i ngleic le smaointe Jung agus roinn sé go dáiríre é, ag sárú meon an ama a bhí i réim, rud a d'fhág gur sainíodh na teoiricí sin mar "gan aon chiall". Choinnigh sé dearcadh criticiúil, ach rinne sé iarracht diongbháilte iad a thuiscint.

Ba é an gaol idir an fhisic agus an tsíceolaíocht, is é sin, idir an síce agus an t-ábhar, príomhábhar an chomhphlé idir Jung agus Pauli. Tá sé tábhachtach a thabhairt faoi deara go raibh suim ag

Pauli sa tsioncronacht ní mar sin chun fiosracht chultúrtha a shásamh, ach toisc gur chreid sé go raibh baint aige arís agus arís eile ina shaol le heipeasóidí sioncronacha.

I 1952 d'fhoilsigh siad leabhar le chéile, "The Interpretation of Nature and Psyche" (Naturerklarung und Psyche). Agus é á léamh, taispeánann sé a gcomhaontú agus a ndifríochtaí.

Chuir Jung a chuid oibre leis dar teideal "Synchronicity: An Acausal Correspondence Principle". Ina ionad sin chuir Pauli leis an aiste "Tionchar archetypes ar theoiricí eolaíocha Kepler". Ní mór a rá go raibh leisce ar Jung ar feadh i bhfad sular foilsíodh a chuid smaointe, ach ba é Pauli féin a chuir ina luí air é sin a dhéanamh.

Tríd is tríd, d'aontaigh Pauli agus Jung gur cheart ábhar agus psyche a thuiscint mar ghnéithe comhlántacha den réaltacht chéanna, arna rialú ag archetypes, a thuigtear mar phrionsabail choitianta ordaithe. Thug sé seo le tuiscint ar ndóigh gur gnéithe de leibhéal thar ábhar a bhí sna seanchineálacha.

Ina thimpeallacht oibre cháin Pauli an fhíric gur chuir an fhisic gach rud a bhain le spioradáltacht an duine, mothúcháin agus mothúcháin as an áireamh. Thuar sé go luath amach anseo nach bhféadfaí neamhaird a dhéanamh ar an gcaidreamh idir saol seachtrach an ábhair agus saol inmheánach an psyche.

Tangle chandamach na gcáithníní tosaigh.

Sa fhisic, tá an dlí um chaomhnú fuinnimh ar cheann de na cinn is tábhachtaí a breathnaíodh sa nádúr. San fhoirm is mó staidéar agus is iomasach a luaitear sa dlí seo cé gur féidir fuinneamh a chlaochlú agus a thiontú ó fhoirm amháin go foirm eile, ní athraíonn a mhéid iomlán i gcóras iargúlta le himeacht ama.

Ina leabhar "Feynman's Physics, Vol. I", labhraíonn Richard Feynman, fisiceoir Meiriceánach agus móréilitheoir eolaíochta, Duais Nobel san Fhisic i 1965, ar an dlí caomhnaithe mar seo:

> "Tá fíric, nó más mian leat, dlí, a rialaíonn na feiniméin nádúrtha a bhí ar eolas go dtí seo. Níl aon eisceachtaí ann don dlí seo. Chomh fada agus is eol dúinn go bhfuil sé ceart. Tugtar "caomhnú fuinnimh" ar an dlí.
>
> Is smaoineamh an-teibí é, toisc gur prionsabal matamaitice é.
>
> Deir an dlí go bhfuil méid uimhriúil ann, nach n-athraíonn riamh, is cuma cén. Ní chuireann an dlí síos ar mheicníocht, nó ar rud éigin nithiúil: níl ann ach fíric atá beagán aisteach. Is féidir linn uimhir áirithe a ríomh. Ansin, nuair a chríochnaíonn muid breathnú

ar an dúlra ag déanamh a chlaochlaithe, agus an uimhir a athríomh, feicimid nach bhfuil aon athrú ar an uimhir sin..."

"There is a law that governs known natural phenomena. This law has no exceptions, so, as far as we know, it is correct. The law is called "conservation of energy", and it is really a very abstract idea, because it is a mathematical principle.

The law says that there is a numerical magnitude that does not change, whatever happens. His statement does not describe a mechanism, or something concrete. This is a somewhat strange fact. We can calculate a certain number that represents the total energy of the universe. Then we look at things as they change. When we finish looking at the nature that plays its games, and recalculate the number, we find that it has not changed."

Gan dabht ar bith, is féidir linn talamh slán a dhéanamh de nach bhfuil aon athrú ar fhuinneamh iomlán na cruinne, cé go bhféadfadh foirmeacha éagsúla a bheith ann.

Bhí fadhbanna ollmhóra ag baint leis an dlí seo nuair a thosaigh duine ag déanamh imscrúdú ar an leibhéal fo-adamhach, is é sin, leibhéal an-bheag.

Déanaimis iarracht a thuiscint cén fáth.

Tá "spins" ag cáithníní subatomic. Go bunúsach, tá gluaiseacht rothlach ag na cáithníní seo. Tá an rothlú seo faoi réir an "dlí um chaomhnú" freisin.

Mar sin, má thógaimid leictreon le casadh cothrom le nialas agus roinnimid ina dhá chuid é, beidh casadh +1/2 (leathdhearfach) ag cuid amháin agus beidh casadh -1/2, (leath diúltach) ag an gcuid eile ionas go mbeidh tá a n-iomlán i gcónaí náid mar atá sa leictreon bunaidh. Ar an mbealach seo tá meas ar an dlí caomhnaithe.

Glacaimid leis, a luaithe a dhéantar é seo, go dtógfaimid ceachtar den dá chuid agus go mbrúimid uainn fad ar bith é. Ar ndóigh, is cuma cén fad a scarann an dá leath, ní athrófar a gcasadh ionas nach sárófar an dlí caomhnaithe.

Ach déanaimis céim eile a ghlacadh. Glacaimis ceann amháin den dá leath, mar shampla an ceann le rothlú “leathdhearfach casadh”, agus aisiompóimid an éirí amach ionas go mbeidh sé ina “casadh leathdhiúltach”.

Cad a tharlaíonn ag an bpointe sin? Tarlaíonn sé go ndéanann an leath eile, cibé áit a bhfuil sé, a stát a aisiompú ag an am céanna. Téann a rothlú ó mheán diúltach go meán dearfach. Is é sin, go dtarlaíonn an éifeacht casadh comhghaolaithe mar a thugtar air: fanann dhá cháithnín, a chomhghaolú mar a rugadh le chéile, i dteagmháil lena chéile, agus tarlaíonn sé seo beag beann ar a n-achar.

Má athraíonn ceann amháin, athraíonn an ceann eile ag an am céanna, toisc nach féidir an dlí um chaomhnú na cruinne a shárú, ní fiú leath leictreon.

Deirtear mar seo b'fhéidir gur beag an chuma atá air, ach má smaoinímid air, cuireann sé seo as do dhlíthe na fisice ar fad ar labhair muid fúthu roimhe seo.

Sáraíonn luas an tsolais, nach bhféadfadh riamh dul thar 300,000 km/soic, an teorainn seo mar is féidir leis an dá cháithnín a bheith ag aon achar idir-réaltach, fiú billiún solasbhliain óna chéile. Go díreach, go deimhin ag an am céanna, imoibríonn gach ceann den dá leath d'athruithe sa leath eile.

Tuarann an tsaighead ama gur chóir go mbeadh imeacht amháin ina chúis le himeacht eile dá bharr. Ach sáraítear an dlí seo. Déanta na fírinne, ní athraíonn an dá leath a casadh i seicheamh ama, ar dtús ceann amháin agus ansin an ceann eile, ach athraíonn siad é ag an am céanna.

Fiú coincheap na cúisíochta (is teagmhas eile is cúis le gach imeacht) scoirfidh sé de bheith bailí i gcónaí do chomhaimsearthacht an athraithe.

Is é an tríú prionsabal nach n-urramaítear é ná maolú na réimsí fórsa, mar fheidhm faid. Ba cheart dúinn a shamhlú go n-athraíonn an dá thaobh níos tréine nuair a bhíonn siad níos gaire dá chéile, agus le fuinneamh ag laghdú go dtí nach n-athraíonn siad níos mó de réir mar a mhéadaíonn an t-achar. Ní hé seo an cás: fanann an "banna fórsa" a aontaíonn an dá cháithnín absalóideach agus tairiseach.

Glacann an nasc a aontaíonn an dá cháithnín an t-ainm eolaíoch Béarla "entanglement". Is féidir an focal seo a aistriú mar "interweaving, mearbhall."

Tagraíonn entanglement don nasc atá bunaithe idir dhá cháithnín a rugadh le chéile. Beagán cosúil le cad a tharlaíonn idir cúpla.

Is nasc é le tréithe níos spioradálta ná fisiceach,

Ar deireadh is féidir linn breathnóireacht níos tábhachtaí a dhéanamh. Conas a dhéanann an dá cháithnín cumarsáid lena chéile? Is léir nach dtéann an t-eolas a bhaineann le hathrú ceann amháin den dá leath trí spás ar bith agus nach gcuirtear in iúl é ar aon mhodh. Níl aon am ann nuair a bhíonn eolas faoi athrú páirtí amháin fós ar an mbealach, agus an páirtí eile ag fanacht lena fháil. Níl aon tarchur fisiciúil faisnéise.

Tá eolas ag an am céanna anseo agus ansiúd. Go simplí, tá faisnéis "ann i ngach áit". Tá sé ag an dá cháithnín, amhail is dá mbeidís fós ina cheann.

Tar éis an teoiric a thagann na taispeántais turgnamhacha.

Ní raibh mórán fáilte roimh an teoiric eolaíoch seo, a mhol Niels Bohr agus a fhoireann eolaithe (Scoil Chóbanhávan) agus iad ag leagan bunsraitheanna na fisice chandamach, ó 1927 ar aghaidh, sa saol eolaíoch. Go háirithe, fuair Albert Einstein an teoiric seo dodhéanta. Chreid sé, gan dabht, go raibh an bhunréasúnaíocht mícheart agus go raibh píosa éigin in easnamh, athróg éigin anaithnid, chun teacht ar thorthaí ní hamháin le fisic chlasaiceach, ach lena theoiric choibhneasachta freisin.

Mar sin féin, cé go raibh Einstein cinnte faoina chuid argóintí, bhí sé ró-chliste chun gné den eolaíocht a shéanadh nó a mhagadh sula ndéanfaí é a shoiléiriú le cinnteacht iomlán. Mar sin, agus é á rá go raibh earráid sa teoiric sin, in éineacht le beirt eolaithe eile, i 1935, mhol sé an turgnamh cáiliúil, ar a dtugtar an turgnamh EPR ó ainm na dtrí mholtóir (Einstein-Podolski-Rosen).

Turgnamh smaoinimh a bhí ann, is é sin, bunaithe ar réasúnaíocht agus ar dhlíthe aitheanta. Tá toradh áirithe fós á thuar ag an gcineál seo turgnaimh, fiú amháin más teoiriciúil é. Úsáidtear turgnaimh smaointe fós inniu nuair nach bhfuil aon mhodhanna teicniúla nó eacnamaíocha ann chun iad a dhéanamh go praiticiúil. Go deimhin, d'ardaigh turgnamh EPR amhras faoi chreidiúnacht theoiric Bohr, ach bhí sé seo ag brath freisin ar a chasta a bhí na nósanna imeachta lena bhféadfaí é a chur i gcrích go praiticiúil.

Blianta fada ina dhiaidh sin, i 1964, mhol John Stewart Bell leagan simplithe den turgnamh seo in alt, ag tabhairt cuireadh don phobal eolaíoch é a chur i bhfeidhm.

Ghlac Alain Aspect, fisiceoir turgnamhach Francach leis an gcuireadh, a rinne an turgnamh go praiticiúil sna blianta ó 1980 ar aghaidh. Chuaigh Alain Aspect ar aghaidh le leictreon a spreagadh chun iallach a chur air léim chandamach dhúbailte a dhéanamh. Ar an mbealach seo fuair sé ón leictreon astú dhá bhuncháithnín, dhá fhótón, a d'fhéadfaí a mheas mar chomhghaolú de réir mar a rugadh iad ón imeacht céanna.

Bhí turgnaimh Aspect in ann na tuartha go léir faoin bhfostú a dhearbhú i ndáiríre: d'fheidhmigh na cáithníní go díreach mar a thuairiscítear sa teoiric, ag seachaint rialacha dochta uile na fisice clasaiceacha. Sna blianta ina dhiaidh sin, rinne go leor scoláirí an turgnamh a athdhéanamh agus a dhearbhú arís agus arís eile. Sa lá atá inniu ann, ní bhíonn taithí ag saotharlanna ar fhostú ach dhá cháithnín, ach ar na mílte nó na milliúin cáithníní.

Toise a théann thar ábhar.

I bhfianaise na dtorthaí eolaíocha atá ann faoi láthair, is féidir linn glacadh leis go dtarlaíonn cumarsáid ar leibhéal na gcáithníní bunúsacha le modh atá go hiomlán neamhspleách ar ábhar, nuair nach bhfeidhmíonn am agus spás a gcumhacht. Anseo iompraíonn dhá cháithnín gaolmhar nó níos mó, cé go bhfuil siad scartha le faid gan teorainn, amhail is gur cáithnín aonair iad.

Sainmhínítear an “spás” nó an leibhéal ina dtarlaíonn sé seo mar “neamháitiúil” toisc nach féidir é a chur in áit ar bith. Sa lá atá inniu ann tugann an eolaíocht údar leis an spás seo a bheith ann, cé nach féidir léi a mheáchan nó a thoisí a thomhas, ná a atáirgeadh sa tsaotharlann. Mar sin, is fiú staidéar agus breithniú a dhéanamh ar choincheapa eile smaoinimh an duine a thagraíonn do neamh-áiteanna cosúla, mar an fo-chomhfhiosach comhchoiteann nó Anam an Domhain.

Dá mba rud é go raibh duine éigin ag iarraidh a chur i gcoinne nach dtarlaíonn an feiniméan seo ach amháin idir cáithníní atá comhghaolaithe lena chéile sa tsaotharlann, is féidir linn cuimhneamh gur ó shaotharlann mhór a rugadh an cruinne ar fad nuair a tharla pléascadh tosaigh amháin, mór, ar a dtugtar an Big Bang. . Ba é an ócáid seo ba chúis le gach ábhar sa chruinne. Mar sin, tá gach ábhar agus fuinneamh sa chruinne idirghaolmhar agus is réaltacht amháin iad. Tá an réaltacht uathúil seo cosúil leis an "Unus mundus" de Jung agus Pauli.

Cén ról atá ag comhtharluithe i mo shaol?

Is é seo an cheist is féidir le gach léitheoir, ag an bpointe seo, a fhoirmiú go dlisteanach agus iad ag fanacht le freagra a fháil. Tá a fhios againn go dtarlaíonn comhtharlúintí suntasacha. Ar an drochuair, go dtí an lá atá inniu ann mheasamar go bhfuil comhtharlúintí aisteacha, uaireanta mistéireach, ach go bunúsach nach bhfuil tábhacht leo inár saol laethúil.

Go praiticiúil, is leideanna iad comhtharlaithe suntasacha nó, níos fearr, sioncrónaithe, a dhéanann iarracht intinn Meon an Domhain a mhíniú. Tá teachtaireacht dúinn i ngach sioncrónacht, atá úsáideach chun sinn a threorú san fhás inmheánach. Ar an drochuair, tá teanga siombalach agus bíonn sé ag streachailt linn dul i ngleic leis an tonnfhad ceart chun a bhfuil ann a thuiscint. Is féidir le sliocht ón bhfisiceoir Meiriceánach Joseph Henry cabhrú linn an coincheap a thuiscint:

> "Bíonn síolta gach fionnachtana iontach i gcónaí san aer timpeall orainn, ach titeann siad agus ní ghlacann siad fréamhacha ach amháin in aigne ullmhaithe."

"The seeds of every great discovery are constantly present in the air that surrounds us, but they fall and take root only in prepared minds."

Táimid cleachta leis na comhtharluithe éagsúla a chur i leith seans, nó cinniúint nuair a bhíonn siad diúltach, nó fiú ádh nuair a bhíonn siad dearfach. Chun cúpla frása níos cáiliúla a lua, bhí sé seo le rá ag Arthur Schopenhauer:

"Suffles cinniúint na cártaí agus táimid ag imirt."

"Destiny shuffles the cards and we play."

Cé gur labhair Louis Pasteur mar sin faoi fhortún:

“Tá an t-ádh i bhfabhar na n-intinn ullmhaithe”:

"Fortune favors prepared minds"

Tugann na ráitis seo le tuiscint gur féidir le gach deis, measctha le dáileog ullmhúcháin, a chinntiú go mbeimid in ann saol níos fearr a thógáil. Is éard atá san ullmhúchán fios a bheith agat conas na comharthaí treorach a thuiscint, ag an am ceart, cosúil le fios a bheith agat conas na comharthaí bóthair a léamh agus muid ag tiomáint ár gcarr. Is éard atá i sioncronicities ná treoir-chomharthaí, comharthaí bóthair a léiríonn treo go siombalach.

Is deacair na teachtaireachtaí siombalacha atá tipiciúil den ghné spioradálta a thuiscint nuair a bhíonn muid tumtha i gcónaí sa ghné fhisiciúil.

Tar éis an tsaoil, mar a luadh cheana, tá synchronicities comhdhéanta d'imeachtaí atá dícheangailte óna chéile, gan caidreamh cúise agus éifeacht, a dháileadh thar spásanna agus amanna neamh-inghaolmhara. Éiríonn siad brí nuair a bhíonn muid in ann ciall a bhaint astu, á nascadh le chéile le próiseas meabhrach nach mbeadh réasúnach de réir na ngnáthchritéir. Go deimhin, is minic a nascaimid iad le naisc neamhchomhleanúnacha.

Is ar leibhéal spioradálta a ghintear an bhrí a thugaimid do shioncronacht, agus mar sin de réir leibhéal ár spioraid ní mór dúinn a fhiosrú chun a fháil amach cén fáth ar chuireamar an bhrí sin i leith, ag iarraidh é a shoilsiú leis na siombailí atá againn.

Ní mór dúinn na siombailí a úsáid mar go bhfuil siad i láthair inár psyche, is é sin, inár Chonaic nó inár neamhchomhfhiosach.

Léirítear na siombailí archetypal iad féin i bhfoirm sioncrónachta, ach ní fhéadfaidís é sin a dhéanamh mura raibh siad tar éis dul ar aghaidh ón bhfochomhfhiosach go dtí ár neamhchomhfhiosach aonair ar dtús. Is féidir na siombailí a thagann chun cinn ag synchronicities a thuiscint, mar ar mhaithe le níos fearr nó níos measa tá siad an-láthair agus fréamhaithe i ár gan aithne.

Conas anailís a dhéanamh ar shioncronacht.

Tá sioncrónachtaí pearsanta, is é sin, go bhfuil nasc dlúth ag a gcarachtar siombalach leis an bhfochomhfhiosach aonair. Ciallaíonn sé seo go bhfuil díchriptiú na teachtaireachta a chuirtear de chúram beagnach go heisiach don fhaighteoir. Is éard is eisceachtaí ann ná teiripeoirí gairmiúla atá in ann dul i ngleic le sraitheanna istigh nach bhfuil fiú an t-ábhar féin in ann iniúchadh a dhéanamh go hoibiachtúil.

I bhformhór na gcásanna ní bhíonn aon bhrionglóid ag éinne dul i muinín síciteiripeoir le cuidiú a thabhairt dóibh siombalachas na dteachtaireachtaí sioncronacha a nochtadh, agus mar sin is féidir linn comhairle ghinearálta a thabhairt anseo a chabhróidh linn.

Is éard atá sa chéad cheann, ar ndóigh, gan breithniú a dhéanamh ar chomhtharluithe suntasacha mar thoradh ar sheans, ach mar theachtaireachtaí a thagann ó Intinne níos fearr a chomhordaíonn comhchuibheas na cruinne agus a dteastaíonn uaidh cabhrú linn fanacht comhchuí, is é sin, tairbhithe na folláine istigh.

Is é an dara píosa comhairle ná muinín a bheith agat as do bhreithiúnas féin amháin. Cinnte, is é a bhreithiúnas féin an ceann is cáilithe agus is mó eolas chun taobh istigh an duine a mhionsaothrú agus brí na siombailí á lorg. Is iad siombailí oidhreacht na daonnachta go léir ach, ag an am céanna, tá siad ailínithe go dlúth lenár ego, lenár gcultúr agus lenár mbealach chun an domhan a fheiceáil. Is féidir linn a rá go bhfuil an tsiombail cosúil le barr méar: tá na billiúin acu, agus ag an am céanna níl aon dá cheann acu: tá a méarloirg uathúil féin ag gach ceann acu.

Ní hé an tríú píosa comhairle a bheith i deifir chun bríonna a chur i leith. Go minic is éard atá i synchronicity ná roinnt imeachtaí scaipthe thar am. Ní mór dúinn tarraiceán rúnda a chruthú san intinn ina dtaisceann muid na teachtaireachtaí nach dtuigimid, agus gach uair a fhaigheann muid ceann nua caithfimid dul tríd leis na cinn go léir atá fós gan réiteach. Is féidir leis an gcleachtas seo torthaí iontasacha a thabhairt. Más rud é go n-eascraíonn gach comhtharlú aisteach iontas ar leith ach go ndéanaimid é a dhíbhe go tapa ansin, tá an baol ann go gcuirfí isteach ar chonair ar chéim thábhachtach í seo. Go deimhin, is féidir le sioncrónacht é féin a léiriú thar laethanta nó míonna, nó fiú blianta, agus is féidir le gach comhtharlú suntasach nua a bheith ina mhionchoigeartú ar an gceann roimhe sin.

Cuimhnigh gur minic a thugtar "neamh-cheantar" ar an áit as a dtagann sioncronaithe, toisc nach féidir é a aimsiú sa spás ná in am. Ar an leibhéal neamháitiúil níl spás ná am ann, agus tá sé seo cruthaithe go heolaíoch ag fisic chandamach agus le fionnachtain le déanaí ar an bhfeiniméan ar a dtugtar entanglement chandamach.

Mar aguisín leis an tríú píosa comhairle seo, molann go leor scoláirí agus údair dialann comhtharlaithe a choinneáil. Sa dialann seo is féidir linn aisling shuntasacha a scríobh síos freisin, ie na cinn is mó a chuaigh i bhfeidhm ar ár psyche.

Is féidir le luach "sioncrónaíoch" (nó fáidhiúil) a bheith ag brionglóidí nuair a bhíonn an t-imeacht aislingeach ar siúl, nó nuair a bhíonn muid in ann ciall a bhaint as imeacht trína nascadh leis an aisling.

Na trí leibhéal na réaltachta.

De réir a bhfuil mínithe sna caibidlí roimhe seo, tagann léiriú an-difriúil ar an gcruinne chun cinn ón gceann a raibh taithí againn air. Ar ndóigh, leanaimid go léir ar aghaidh ag féachaint ar an domhan mar a chonaiceamar i gcónaí é, ós rud é go bhfuil na cúig chiall a sholáthraíonn an dúlra dúinn oiriúnaithe chun taithí a fháil ar an saol seo. Ciallaíonn ár riachtanais ríthábhachtacha agus ár riachtanais mharthanais gur féidir linn an réaltacht a fheiceáil, a theagmháil, a bholadh, a chloisteáil agus a bhlaiseadh sa ghné a chomhlíonann muid féin: i ndáiríre, ní féidir linn réaltraí i bhfad i gcéin a iniúchadh lenár radharc súl, agus nílimid in ann saol na miocróib a fhiosrú. . Ní fheictear dúinn boladh an phléasc ollnóva ná dath na móilíní atá sna coirp éagsúla. Is feidhmeanna iad seo a théann thar ár riachtanais bhunúsacha.

Táirgeann formhór na minicíochtaí dathanna agus fuaimeanna nach bhfuil infheicthe nó inchloiste dúinn. Ligeann teagmháil agus blas, is cuma cé chomh scagtha agus is féidir linn iad a mheas, dúinn idirdhealú soiléir a dhéanamh ar raon cúng blasanna agus boladh.

Is féidir linn a rá go bhfuil ár gcúig chéadfa ina n-ionstraimí sách garbh agus an-teoranta i

gcomparáid leis na héagsúlachtaí gan teorainn a tháirgeann na cruinne.
Mar sin féin, tá dhá chiall eile againn freisin. Is é an séú chiall ná intuition, rud a ligeann dúinn faisnéis a phróiseáil atá an-úsáideach sa saol laethúil simplí, más rud é nach bhfuil sé i marthanais iarbhír.
Is uirlis iontach é intuition a phróiseálann ár dtaithí chun comhairle iompraíochta a thabhairt dúinn.
Fir primitive "intuited" an nimhiú na caora nó an baol bites feithidí. Rinne siad é seo trí mheas a dhéanamh ar a ndath nó ar chruth na "rudaí" a scrúdaigh siad.
Ó scrúdú cursúil ar chás bhí siad in ann an fhéidearthacht riosca ba mhó nó ní ba lú a ríomh.
Sa lá atá inniu bainimid úsáid as intuition chun daoine agus deiseanna a mheas, agus go minic a bhuíochas leis an intuition is féidir linn a bheith neamhiontaofa orthu siúd ar mhaith leo sinn a mhealladh nó muinín a bheith againn as na daoine atá in ann cabhrú linn. Mar sin cabhraíonn an t-intleacht linn taobhanna dearfacha agus diúltacha deise a aithint, agus is minic a bhíonn ról cinntitheach aige inár gcinntí. Cinnte is uirlis

neamhfhoirfe é intuition, ach cuidíonn taithí linn é a bheachtú.

Ar ndóigh, cé go bhfuil an séú ciall bunaithe ar mhachnamh amháin, níl aon rud mistéireach ann: tá an t-eolas a úsáidimid chun ár mbreithiúnais a fhoirmiú inár gcuimhne agus inár gcúlra cultúrtha. Mar sin, tá an próiseas iomasach go hiomlán inmheánach dár psyche, ach tá sé comhsheasmhach freisin leis an saol seachtrach ábhar.

Leibhéal chandamach agus leibhéal "neamháitiúil".

Insíonn an eolaíocht reatha dúinn inniu, go bhfuil dhá leibhéal eile ann thar an leibhéal fisiceach is ar éigean a fheictear dúinn.

Is é an dara ceann an leibhéal chandamach, i.e. an timpeallacht ina ngluaiseann agus ina n-oibríonn bunch※áithníní gan aon cheann de na srianta a bhaineann leis an leibhéal macrascópach ábhar. Mar atá feicthe againn, bunaíonn cáithníní bannaí gan teorainneacha spáis agus ama.

Tugann an ghné seo le fios go bhfuil tríú leibhéal ann, leibhéal neamh-cheantair, nach bhfuil déanta d'ábhar ach d'fhuinneamh agus d'eolas.
Is é an leibhéal ina bhfuil an cruinne ar fad ceangailte i bhfostú mór, agus ina bhfuil an fhaisnéis go léir, is é sin, an fhaisnéis go léir atá aibí ón gcéad nóiméad dá bhfuil ann. Tacaíonn fuinneamh gan teorainn leis an bhfaisnéis seo freisin a fhágann go scaiptear í cibé áit a bhfuil gá léi.

An seachtú chiall.

Chun rochtain a fháil ar an leibhéal neamh-áitiúil, ní féidir leis na cúig chéadfa cabhrú linn, agus ní féidir leis an intuition ach an oiread. Teastaíonn seachtú tuiscint uainn, nach mór dúinn tosú á fhorbairt. Cé go dtagann an séú chiall chun ár tarrthála trí phróiseáil a dhéanamh ar an bhfaisnéis atá carntha againn go cúramach lenár dtaithí laethúil, is féidir leis an seachtú ciall ligean dúinn dul i dteagmháil le taisce thar a bheith níos saibhre, taithí uile na cruinne. Ón taisce seo díorthaítear réamh-mheastacháin, físeanna na todhchaí, agus an raon iomlán feiniméin ar a dtugaimid extrasensory.

Bhí leibhéal na neamh-cheantair tuartha i gcónaí ag gach sibhialtacht, gach fealsúnacht agus gach reiligiún agus inniu tá cruthúnas againn go bhfuil sé ann. Tá a fhios againn freisin go ndéanann "faisnéis níos airde" maoirsiú ar fheidhmiú neamh-cheantair. Go deimhin, conas a d'fhéadfaí an réaltacht "neamháitiúil" a rialú trí sheans?

Ón leibhéal seo a fhaighimid teachtaireachtaí. Is minic a bhíonn siad siombalach agus bíonn sé ag streachailt linn iad a dhéanamh amach, ach is féidir go mbeidh an chine daonna in ann leibhéal tuisceana níos airde a bhunú go luath.

Is féidir le gach duine an leibhéal seo a ghlaoch leis an ainm is fearr leo: Aigne Uilíoch, Intinne Domhanda, Saol na Smaointe, Intinne na Cruinne, Neamhchomhfhiosach Comhchoiteann, Neamh-cheantar, Tao, Atman, Dia, Spiorad Naomh. Tá a fhios againn go bhfuil sé ann, agus tá a fhios againn gur ón gComhlacht seo a thagann áiseanna úsáideacha chun daoine aonair a fhás agus chun forbairt an chine daonna go léir. Táimid tar éis a dtugtar na cabhracha "comhtharlaithe suntasacha"

nó "syncronicities", ach is féidir le duine ar bith glaoch orthu cad ba mhaith leo: inspioráid, tairngreachtaí, revelations, míorúiltí.
B'fhéidir nach mbeadh a fhios againn cad faoi a bhfuilimid ag caint, ach is é an rud is tábhachtaí ná, ar aon nós, go ndearnamar tagairt san am atá caite do hipitéisí néalríomhacha, gan bailíochtú eolaíoch. Ina áit sin, inniu táimid ag labhairt le níos mó muiníne agus cinnteachta ar leibhéal níos airde, spioradálta nó síceach, atá ann i ndáiríre.

Bibliografia

Acheson David # One thousand eighty-nine and other magic numbers.
Aguirre Anthony # Zen and Multiverses
Allen Steve # Deceptions of logic
Ambesi Alberto # Panteismo
Amir Dan Aczel #Entanglement. The greatest mystery of physics.
Amir Dan Aczel # The Mystery of the Alef
Amir Dan Aczel # The God Equation
Anderl Sybilla # The universe and me. A philosophy of astrophysics
Angier Natalie # The canon of science. Guided tour from the infinitesimal to infinity for enthusiastic beginners...
Anthes Emily # Quick Guide for Brainiacs: The Mind
Armstrong David # What is metaphysics
Asimov Isaac # The Physics Book
Asimov Isaac # In the beginning. The book of genesis interpreted.
Asimov Isaac # The invisible universe
Baker Stephen # The secret power of mathematicians
BakerJoanne # Quantum Physics. 50 great ideas
Barbour Julian # The point of Janus. A new theory of time
Julian Barbour # The End of Time.
Barrow, Tipler # The anthropic principle.
Barrow John David # 1+1 does not (always) do 2
.
Barrow John David # From the Self to the Cosmos
Barrow John David # The numbers of the universe

Barrow John David # The Book of Universes. Complete guide to possible universes
Barrow John David # The mono within the world
Barrow John David # Infinity
Barrow John David # The universe as a work of art
Barrow John David # The Pictures of Science
Barrow John David # The Origins of the Universe
Barrow John David # Why is the world mathematical?
Beitman Bernard # Messages of coincidences.
Bergson Henri # Essay on the immediate data of consciousness
Berkeley George # Philosophical Works
Berti Enrico # History of metaphysics
Bocchi G, Ceruti M. # Origins of stories
Bodanis David # $E=mc^2$. Biography of the equation that changed the world
Bogdanov Igor # Before the Big Bang. The origin of the universe
Bohm - Khrisnamurti # Where time ends
Bohm - Khrisnamurti # The limits of thought
Bōhm Conrad # The Keys of the Cosmos
Bohm David # Universe Mind Matter
Brockmn John # That's not true but I believe it
Bruno Giordano # Of the infinite universe and worlds
Bryson Bill # A Brief History of (Almost) Everything
Burgin Luc # Errors of science
Cambray Joseph # Synchronicity. Nature and psyche in an interconnected universe.
Campbell, Joseph # Dee. The mysteries of the divine feminine
Campbell, Joseph # The Inner Reaches of the Cosmos. The metaphor in myth and religion
Capra F. Luisi P.L. # Life and nature. A systemic view.
Goat Fritjof # The turning point
Goat Fritjof # The Tao of Physics.
Goat Fritjof # The science of life
Goat Fritjof # Towards a new wisdom
Cattabiani Alfredo # Planetarium
Cederquist John # Coincidences don't exist.
Cesati Cassin Marco # Non siamo qui per caso. Il potere delle coincidenze.
Chandrasekhar Sub. # Truth and beauty. The reasons for aesthetics in science.
Close Frank # Theories of everything

Scatti Monica # Buchi neri evanescenti
Coppens Yves # The construction of prehistory
Couliano Joan # The journeys of the soul
Coustè Alberto # Brief history of the devil
Currivan Jude # The Cosmic Hologram
D'Ancona Vittorino # Greek mythology
Damasio Antonio # Emotion and conscience
Damasio Antonio # Descartes' error. Emotion, reason and the human brain
Dask Mike # Beyond Borders
Davies Paul # How to build a time machine
Davies Paul # God and the new physics
Davies Paul # The last three minutes
Davies Paul # The Mysteries of Time. The universe after Einstein
Davies Paul # The Intelligent Cosmos
Davies Paul # The fleeing universe
Davies Paul # The Mind of God
Davies Paul # Are we alone?
De Santillana Giorgio, Von Dechend Hertha # Hamlet's mill. Essay on myth and the structure of time.
Du Sautou Marcus # The perfect mess
Du Sautou Marcus # The Million Dollar Equation
Du Sautou Marcus # The impossible theories. What are the limits of science?
Dumezil Geoges # Archaic Roman religion
Albert Einstein # Albert Einstein. Relativity and new physics
Einstein Albert # The world as I see it
Einstein Albert # Thoughts, ideas, opinions
Einstein, Infeld # The evolution of physics
Ekelan Ivar # Chaos
Facchini- Magnani # Myths and rites of prehistory
Faggin Federico # Irriducibile, Conscience, life, computers and our nature
Faggin Federico # Silicon
Falletta Nicholas # The Book of Paradoxes
Federrici Vescovini G. # Magico Medioevo
Ferris Timothy # The Adventure of the Universe. From Aristotle to quantum theory and beyond: a never ending story
Albertini Foundation # Prove e indizi dell'aldilà
Andrea Sardos Foundation # Prove e indizi dell'aldilà. Il caso Andrea
Ford Kenneth # The quantum world. Quantum physics

Franks E.M. # Carl Jung's theory of psychological types
Fraser J. T. # Time: an unknown presence
Frazer James # The golden branch
Friedman Richard # Who Wrote the Bible?
Gallippi Angelo # Federico Faggin. Il padre del microprocessore
Gamow George # Gravity
Gamow George # The Adventures of Mr. Tompkins. Daedalus Editions
Gamow George # New World of mr. Tompkins. Zanichelli
Gamow George # Thirty Years That Shocked Physics
Giacomelli Giorgio # Dal quark al big bang
Giuliodori Lucio # Sul concetto di sincronicità: Jung tra psicoanalisi e quantismo
Giuliodori Lucio # Tra fisica e metafisica. Alcune implicazioni
Atlanti Giunti # Geografia generale, astronomia e cartografi
Gleick James # Chaos. The birth of a new science
Goldman Jane #Xfiles. The Book of Incredible Facts
Goswami Amit # Quantum Guide to Enlightenment. Mediterranean Editions
GrazianoMichael # Rethinking conscience
Grecchi Vittorio # The brain field lies
Greek Peter # The origin of the universe
Greene Brian # Until the end of time. Mind, matter and the search for meaning in an ancient universe
Greene Brian # The elegant universe. Superstrings. hidden dimensions and the search for the ultimate theory.
Greene Brian # The Elegant Universe
Greene Brian # The Hidden Reality
Greene Brian # The hidden reality - parallel universes and profound laws of the cosmos. Philosophies of sciences
Greene Brian # The plot of the cosmos. Space, reality.
amazing things happen every day
Harner Michael # The Way of the Shaman
Harrison Edward # The Masks of the Universe
Hawking - Penrose # The nature of space and time
Hawking Heckler # The Grand Design.
Hawking -Mlodinov # From the Big Bang to black holes. Brief history of the universe. Mondadori
Hawking Stephan # Holes nr and newborn universes
Hawking Stephen # The universe in a nutshell. Oscar Saggi Mondadori.

Hawking Stephen # The Great History of Time. Mondadori
Stephen Hawking # The Theory of Everything. Origin and destiny of the universe. Mondadori.
Hawking Stephen # Gazing up at the stars
Heckler Richard # Coincidences
Heidegger, Martin # What is metaphysics?
Heidegger, Martin # The concept of time
Heisenberg Werner # Physics and Philosophy
Hermann Greta # Physics and philosophy
Higfield, Roger # The Science of Henry Potter
Hillman, James # The Soul Code
Huxley Aldous # Brave New World. Back to the new world.
Jaffè Aniela # Dreams, prophecies, apparitions
Jaynes Julian # The Breakdown of the Bicameral Mind and the Origin of Consciousness
Johnson Steven # Where great ideas are born. Natural history of innovation
Joseph Frank # The Power of Coincidences. The meeting point.
Jou David # Rewrite Genesis. In search of the mathematical formula of creation
Jung Carl # Animus and anima
Jung Carl # Experience and mystery
Jung Carl # The Red Book. Liber novus.
Jung Carl # Jung speaks Interviews and meetings
Jung Carl # The analysis of dreams. The archetypes of the unconscious. The synchronicity.
Jung Carl # The ego and the unconscious
Jung Carl # Man and his symbols
Jung Carl # The psychic dimension. Collection of writings.
Jung Carl # Psychology of the unconscious
Jung Carl # Memories and reflections.
Jung Carl # Psychological types
Kaku Michio # The future of humanity
Kaku Michio # Hyperspace
Kaku Michio # The divine equation
Kane Gordon # The Garden of Building Blocks. Longanesi
Karsenti Eric # A Brief History of the Origins of Life. From the cell to the human being, the most beautiful story ever told: ours
Kauffman Stuart # Reinventing the sacred
Krauss Lawrence # The Universe from Nothing
Krauss Lawrence # The Physics of Star Trek

Kumar Manjit # Quantum. From Einstein to Bohr, a new idea of reality.
Kundera Milan # Immortality
Kung Hans # Chinese Christianity and Religiosity.
Lanza R. + Herman # Biocentrism
Lanza Robert # The grand biocentric design
Lanza Robert # Beyond biocentrism
Laszlo Erwin # Science and the Akashic Plan
LaszloErvin # The Immortal Mind
Ledoux Joseph # The emotional brain
Licata Ignazio # Observing the Sphinx. DiRenzo Publisher.
Lindley David # Einstein's moon
Lipton Bruce # The Biology of Belief
Lurker Manfrd # Dictionary of Biblical Pictures and Symbols
Massimini Tononi # Nothing greater
Mavaldi Marco # The two heads of the tyrant. Mathematical methods for freedom
McTaggart Lynne # The secret force of the universe. The zero point field
McTaggart Lynne # The Bond. The quantum link
Mecacci Luciano # Identikit of the brain
Michell John # Astroarchaeology
Mullis Kary # They dance naked in the field of mind
Musso Paolo # Science and the idea of reason. Science, philosophy and religion from Galileo to black holes and beyond.
Muzzio Publisher # Caos. Una scienza per il mondo reale
Nagel Thomas # A very short introduction to philosophy
Neumann Erich # History of the origins of consciousness
Nietzsce # Beyond good and evil
Nietzsche Friedrich # Thus Spoke Zarathustra
New Syntheses # Galileo Newton Einstein
O'Keane Veronica # The Bazaar of Memory. How we build memories and how memories build us
O'Regan J. Kevin # Why colors don't play. A new theory of consciousness
Pauli Wolfgang # Psyche and nature
Pearson Carol S. # The hero within us
Peat David # The Paths of Chance
Peat David # Synchronicity. A union between matter and psyche. Magi Editions

Peiretti Federico # Il matematico si diverte. Duecento giochi e puzzle che hanno fatto la storia della matematica
Pellegrini Massimo # Fisica quantistica per principianti
Penrose Roger # The Universe is still a secret
Penrose Roger # The Emperor's New Mind
Penrose Roger # The road that leads to reality
Perconti Pietro # Conscience. Philosophical lexicon
Pichot André # The birth of science. Mesopotamia, Egypt, Ancient Greece
Pim van Lommel # Consciousness beyond life
Pinotti-Baccarini # Italia esoterica
Popper Karl # The ego and its brain. Armando Publisher.
Powell Arthur # The astral body and related phenomena
Prattico Franco # From chaos… to conscience
Privitera Agata # MBT The Myers-Briggs theory and the 16 personalities
Proverb Edward # Archaeoastronomy
Radin Dean # Interconnected Minds. Psychic phenomena explained by quantum physics.
Ramorino Felice # Classic mythology illustrated
Randall Lisa # Curved passes. The mysteries of the hidden dimensions of the universe
Ranucci Stefano # Physics of the other world. When consciousness and quantum physics explain the paranormal
Reda Giuseppe # Energy and its forms of existence
Reeves Hubert # Cosmic Evolution
Regge Tullio # Infinity
Renn Jurgen # The evolution of knowledge
Rey Olivier # Itineraries of bewilderment. What if science were a great metaphysical enterprise?
Rezzolla Luciano # The irresistible attraction of gravity. Journey to the discovery of black holes
Robinson Richard # Why does toast always fall buttered side up? The brilliant scientific explanation of Murphy's Laws
Rodriguez Pepe # God was born a woman
Rowan Robinon # The nine numbers of the cosmos. The origin and nature of our universe
Rucker Rudy # The Fourth Dimension. A guided journey into higher order universes
Russel Bertrand # Dictionary of physical and moral logic
Russo Lucio # The forgotten revolution. Greek scientific thought

Russo Michele # Is life a “case” of matter?
Essay Isabella # Age, if any
Sale Musio Carla # Communicating with those who no longer have a body
Sarle John # The Mystery of Conscience
Schoch Robert # The voice of the stones. Lost civilizations
Searle John # The mind
Sheldrake Rupert # The Extended Mind. Hooray.
Sheldrake Rupert # The illusions of science. Hooray.
Siegfried Tom # The Number of Heavens. A story of the multiverse and the quest to understand the cosmos
Sigman Mariano # The Secret Life of the Mind. How our brain works when it thinks, feels, decides
Singer Charles # A Brief History of Scientific Thought
Sissa ISAS laboratories # Chaos and complexity
Smith Michael # Jung and shamanism.
Smolin, Lee # Einstein's Unfinished Revolution. The search for what is there
Sorensen Roy # Philosophical Wonder Room
Sparzani and Panepucci # Jung e Pauli. La corrispondenza originaria:
Stanzani Maserati # Consciousness and meaning
Stapp Henry# Quantum Theory and Free Will. Springer International Publishing.
Stavros Joshua # Shamanism
Stein Murray # The principle of individuation. Towards the development of consciousness
Stenger Victor # Why Science Doesn't Believe in God. Faith's Lost Challenge to Reason
Styer Daniel # Really understanding relativity. Discovering Einstein's theory
Sun-Tzu # The Art of War
Surace Graziano # The Quantum of Challenge
Surprise Kirby # Sincronicità. Comprendere e utilizzare coincidenze significative
Talbot Michael # All is one. Feltrinelli
Teodorani Massimo # Bohm. The physics of infinity.
Teodorani Massimo # Entanglement. The entanglement in the quantum world: from particles to consciousness.
Teodorani Massimo # The great celestial numbers
Teodorani Massimo # The atom and the elementary particles. Macro Editions

Teodorani Massimo # The creative mind. From the physical universe to intelligent life. Macro Editions.
Teodorani Massimo # Telling the universe. Popular introduction to astrophysics
Teodorani Massimo # Synchronicity. The link between physics and psyche. From Pauli to Jung to Chopra.
Teodorani Massimo # Teleportation
Teodorani Massimo # Tesla. A brillant idea
Tesla Nicola # My inventions. The autobiography of a genius
Tesla Nikola # On increasing human energy
Frank Tipler # The physics of immortality. Double day.
Tong Ziya # When you look at the world and you don't see it
Toni Paolo # Mathematical sparks. Games and competitions of creativity and logic
Tononi Edelman # A universe of consciousness
Tononi Giuio # PHI A journey from the brain to the soul
Vaas Rudiger # Hawking. Universe, space, time
Vacca Roberto # You too are a mathematician
Vafa Cumrun # Puzzles to decipher the world
Vassallo Nicola # Philosophies of the sciences
Vidali Paolo # History of the idea of nature. From Greek Thought to Anthropocene Consciousness
Vincenzo Lorenzo # Enlightenment.
Vitebski Piers # Shamans
Von Franz Marie-Louise # Divination and synchronicity. Psychology of significant coincidences
Von Franz Marie-Louise # Fairy tales interpreted
Von Franz Marie-Louise # Psyche and matter
Von Franz Marie-Louise-ok # Psychological typology. The functions of consciousness: thinking and feeling, intuition and sensation
White John # The meeting of science and spirit. Publishing Practices.
Widmann Claudio # Introduction to synchronicity. Magi Editions.
Widmann Claudio # Synchronicities and significant coincidences. Magi Editions.
Wiener Anna # The dark valley
Wigner Eugene # The unreasonable efficacy of mathematics in the natural sciences
Wilber Ken # Quantum Issues
Wilson Edward # Wonderful Harmony
Wolf Fred # Time loops and space twists. How God created the universe. Find out why space, time and matter are closely connected

Wolke Robert # To his barber Einstein told it like this. Daily life and scientific questions
Zeilinger Anton # Einstein's Veil
Zeilinger Anton # The dance of photons
Wandering Dionysus
Zoppi Giorgi0 # Cosmology with six difficulty levels

Críochnaíodh priontáil i mí an Mheithimh 2023

Bruno Del Medico, blagaire, scríbhneoir, foilsitheoir Iodálach, speisialaithe i scaipeadh saincheisteanna a bhaineann le cúrsaí reatha sóisialta agus teorainneacha nua na heolaíochta. Is údar go leor téacsanna é a bhaineann leis an bpaindéim le déanaí. Foilsíonn Del Medico sraith leabhar atá speisialaithe i bhfisic chandamach agus meitifisic.

www.ingramcontent.com/pod-product-compliance
Lightning Source LLC
LaVergne TN
LVHW051113051026
849532LV00004BB/1534
* 9 7 9 8 2 2 3 6 7 0 7 1 1 *